Albert Bright

AstronZeitOnomie Lösungen

Die Formeln der Astronomie als Lösung für ein neues Ökonomie- und Soziologie-Modell

Dieses Buch entstand aus der Faszination des Universums mit seinen scheinbar grenzenlosen Dimensionen und Wachstum - und der Idee, dessen Naturgesetze als Rezept für eine bessere Welt zu nutzen.

Albert Bright

Die Gesetze der Astronomie zur Bewältigung von
Ökonomie- und Soziologie-Herausforderungen.

Astronomy-rules for economy- and sociology-
challenges.

Inhaltsverzeichnis

A. EINLEITUNG

Zeit. Für die meisten Menschen ist Zeit nur das, was die Uhr anzeigt. Aber Zeit hat enorme Dimensionen. Die Zeit selbst ist relativ. Und die Zeit relativiert alles.

Dieses Buch relativiert viele Dimensionen unseres Lebens. Relativiert - nicht zerstört. Eigentum bleibt erhalten. Und auch viele sonstige aktuelle Konstellationen werden von den Veränderungen profitieren - aber in Bezug auf die neuen Dimensionen wird vieles in dessen Bedeutung und Einfluss relativiert werden. Und viel mehr Freiheit wird zu einer enormen Wohlfahrtsteigerung führen. Viele Hindernisse werden dadurch beseitigt, dass jedem Einzelnen der Zugang zu dem gegeben wird, was sein Eigentum und Besitz ist: die „Kraft" bzw. „Dimension" seiner eigenen Lebens-Zeit. Und über einen „Bonus" bekommt jeder die Freiheit, diese Zeit für seine Zwecke und Prioritäten zu nutzen - ohne dass künstliche Barrieren seinen Weg behindern.

B.DIMENSION- & WERT-IDEEN ÜBER DIE ZEIT

B.1. Allgemeine Aspekte der Zeit

Für die meisten Menschen ist "Zeit" nur das, was die Uhr anzeigt. Aber Zeit ist eine enorme, leistungsstarke physikalisch-astronomische Dimension. Planeten optimieren ihre Umlaufbahnen in enger Korrelation zu Zeitaspekten, Raum-Zeit-Aspekten, wie Albert Einstein entdeckte.

Und wenn wir „tiefer" als nur auf die Zeit auf unserer Uhr blicken, dann werden wir feststellen, dass die Zeit auch unsere „Umlaufbahnen" um unsere „Sterne" bestimmt und optimiert. Und wenn wir unsere Zeit und unsere Bahnen um unsere eigenen gewählten Sterne und Galaxien nicht selber optimieren, nicht genügend Energie oder/und Geschwindigkeit für unseren eigenen Weg aufbringen können, wird es ein Stern und eine Galaxie sein, die uns „einnimmt" und in ihrem Sinne „optimiert" - und wir müssen uns mit ihren Regeln und ihre Raum-Zeit-Dimensionen arrangieren, wenn wir an/in ihr „(k-)/leben".

In den "entwickelten" Welten sind wir extrem Zeit (an-)getrieben. Zeit wird bestimmt durch Wecker, Stempeluhren, Mahlzeiten, Meetings, Ziele, Termine, Sport, Nachrichten, Schlafzeit. Vom Kindergarten-, über Schul-, Studien-, Arbeits-, bis zur Renten-Zeit – wird vieles "extern" bestimmt. Die meisten von uns werden „geschoben", Stunde für Stunde, Tag für Tag. Das Wochenende ist nur eine kleine Unterbrechung, das Ende des Monats eine kleine Gehalts-Freude - und "Leben" wird in die Ferien für ein paar Wochen verschoben.

Nehmen Sie, was Sie bekommen - nicht: bekommen Sie, was Sie wirklich gerne selber möchten. Planeten werden auch in einer Galaxie „geboren". Aber Planeten optimieren kontinuierlich ihre Bahnen, ihre Wege. Das sollten Menschen auch tun können. Auch deshalb, weil sie eine zusätzliche Kapazität haben: sie können denken. Warum dann, ändern so wenig Menschen ihre Bahnen? Wir sind der Meinung, dass dieses an zu geringer "Freiheit" im Vergleich zu den Planeten im Universum liegt - und an zu geringer "Energie", sowie zu wenig "Zeit". Wir werden auf diese Aspekte einen Blick werfen, uns auf die Zeit als Dimension fokussieren, eruieren, welchen "Einfluss" sie hat, und zeigen, dass sie in der Lage ist, die anderen Dimensionen zu beeinflussen, in ihrer individuellen Art und Weise.

Zeit hat Zeit. Das ist eine enorme Kraft. Niemand und nichts hat mehr Zeit, als die Zeit. Es ist Zeit für die Zeit – für eine neue Zeit-Epoche:

B.2. Universal-Aspekte der Zeit

Die Zeit ist die älteste Dimension unseres Universums. Das Universum existiert seit 13.800.000.000 Jahren; unser Sonnensystem seit 4.600.000.000 Jahren; die Erde begann 40.000.000 Jahre nach dem Sonnensystemstart; die Menschheit existiert seit 200.000 Jahren; die Christliche Zeit seit 2015 Jahren; Demokratie, industrielle Revolution und das erste Wirtschafts-Modell sind kaum 300 Jahren alt; die Spezielle Relativitäts-Theorie 110 Jahre und die Allgemeine Relativitätstheorie von Albert Einstein 100 Jahre jung. Die Zeit ist von zentraler Bedeutung. Es ist Zeit ihren Wert und potentiellen „Beitrag" zu überdenken.

B.3. Relativitäts-Aspekte der Zeit

An den Extremen der existierenden Formeln ist keine Zeit mehr „sichtbar", zumindest nicht in den Formeln: wenn alles sich in Energie wandelt (Albert Einstein) oder in Gravitation (Newton extrapoliert, nach Albert Bright), dann ist die Zeit nur auf der anderen Seite der jeweiligen Gleichung-(-s- Korrelation) „verborgen" – und sie steht bereit, sollten sich die „Verhältnisse" wieder ändern.

Aber auch in unserer "realen" Lebens-Dimension ist "Zeit" eine relative Dimension.

„Zeit" begleitet Objekte, Kreaturen und Ideen. Und je nach den umgebenden Korrelationen, kann die „Lebenszeit" von Objekten, Kreaturen oder Ideen von Null bis (fast) endlos sein.

Vor dem Urknall waren die umliegenden Kräfte so stark, dass nichts in der Lage war, sich zu entwickeln. Keine Zeitzählung (wie in unserem "wirklichen Leben") konnte beginnen. Mit dem „Urknall" startete das erste der 13,8 Milliarden Jahre, welche das Universum mittlerweile existiert.

Vor der Französischen Revolution waren die umgebenden Kräfte so stark, dass sich keine Freiheit entwickeln konnte. Obwohl - mit Gutenbergs Erfindung des modernen Buchdrucks im Jahre

1450 – das Wissen sich theoretisch schnell verbreiten und etablieren konnte, wurde 1616 Galileo Galilei noch von der Katholischen Kirche verurteilt (was sie übrigens erst im Jahr 1992 revidierte) und sein Wissen verbannt. Erst 1799 begann mit der Französischen Revolution das erste Jahr einer neuen, "generellen" Existenz in „Freiheit". Das ist gerade 200 Jahre her ...

Die Zeit der einzelnen „Sterne", jedes (Personen-) Lebens, jeder Regierung, jedes Unternehmens, jeder Idee unterscheidet sich nach wie vor enorm, je nach den Umständen um sie herum.

Es gibt "Regeln" der Koexistenz in Universum - und auf Erden. Und es scheinen Korrelationen zwischen beiden Bereichen zu existieren (siehe auch: Astron-Economy Solutions, A.Bright, 2014).

Im Universum kann jeder Planet seinen eigenen Weg gehen/optimieren - und macht es auch, wie Einstein entdeckte. Seit 13,8 Mrd. Jahren wächst das Universum - und es wächst kontinuierlich schneller, wie Hubble entdeckte. Das „Universum" stellt den Sternen und Planeten die "Raum-Freiheit" (oder "Raum-Reichtum") „zur Verfügung". Würde es nicht wachsen können, würde es kollabieren, wie Forschungen ergaben. Ohne

Wachstum kollabieren auch die heutigen Wirtschaftssysteme.

Die auf unserer Erde erreichte Freiheit von 1799 führte zu einem enormen Wachstum in Wissen, Wirtschaft und allgemeinen Wohlstand. Bedauerlicherweise hat sich die Geschwindigkeit des Wachstums durch verschiedene – primär - politische "Kräfte" verlangsamt – u.v.a. auch durch Implementierung eines enormen Bürokratie-Apparates und immer mehr Interventionen. Diese "Kräfte" reduzieren Freiheit. Sie verlangsamen das potenziell höhere Wachstum und die Wohlfahrt der Nationen.

Die Korrelation zwischen astronomischer Freiheit, "Raum-Reichtum", und (potentiellem) "Welt-Reichtum" aus mehr Freiheit auf der Erde, kann über die Relativität der Zeit gezeigt werden:

Die „Zeit" auf zwei absolut identischen Uhren läuft auf der Spitze eines Hügels (freier!, entfernter vom Gravitationszentrum) schneller; am Fuße langsamer. Das „Leben" (die Lebens-Zeit) allerdings vergeht langsamer an der Spitze - und schneller am Fuß -, da durch die zusätzliche Kraft der „Fluktuation" (und mit ihr die lebensverlängernde Kraft der „Geschwindigkeit") an der Spitze zunimmt – und die lebenszerstörende Kraft der Gravitation dort abnimmt.

Gravitation erscheint als "Störungs-"Kraft, als eine Art "Zentral(-isierungs-)kraft", welche es nicht zulässt, dass Materie-Teile ihre eigenen Wege im Universum gehen. Zu viel Gravitation zerstört alles, wie wir bei Super-Nova-Implosionen und schwarzen Löchern sehen können – aber auch bei Zentral-Plan- Wirtschafts-Systemen erfahren haben.

Wir können an der Spitze der Hügel (symbolisch gleich zu setzen mit Freiheit) länger leben, weil unsere „Energie" nicht durch Gravitation „gebremst" wird. Mit mehr Freiheit für unseren eigenen Weg können wir länger leben - und mehr Wohlstand erzeugen.

Je mehr ein Staat (oder sonstige Macht, wie Religion, Verbände usw.) die Freiheit über starke Bündelung aller Aspekte auf Zentralinstanzen konzentriert (die stärksten Gravitationskraft liegt im Zentrum eines Planeten oder Sterns) und uns abhängig macht, desto mehr werden wir an diese Systeme gebunden, desto weniger Freiheit werden wir haben, um uns selbst (weiter) zu entwickeln.

Gravitation wirkt auch in unserer Gesellschaft.

Wenn die Schwerkraft des Sterns zu stark wächst und zu viel Raum anzieht, dann werden die Planeten nach „unten" gleiten - in Richtung des Raumlochs des (Zentral-) Sterns. Insbesondere dann, wenn sie nicht genug Eigen-Energie oder/und Geschwindigkeit haben/bekommen, um mit eigener Raum-Absorptions-Kraft den eigenen Weg weiter behaupten zu können.

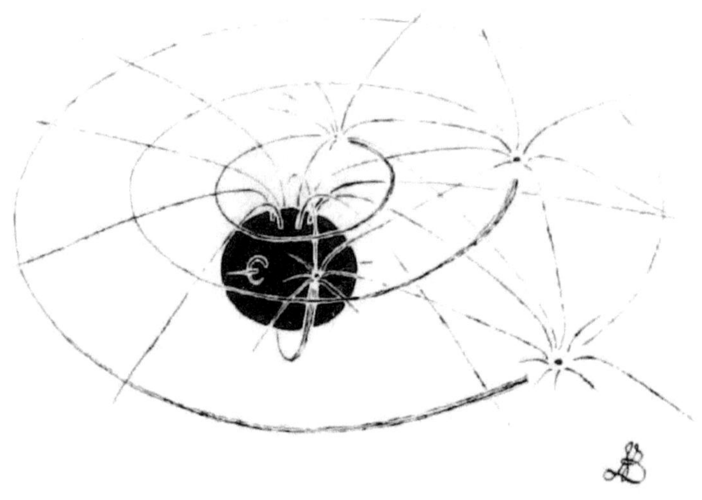

Und wenn der Sterne als solches zu groß wird, wird die Schwerkraft sogar ihn selber mittels einer Super- Nova zerstören:

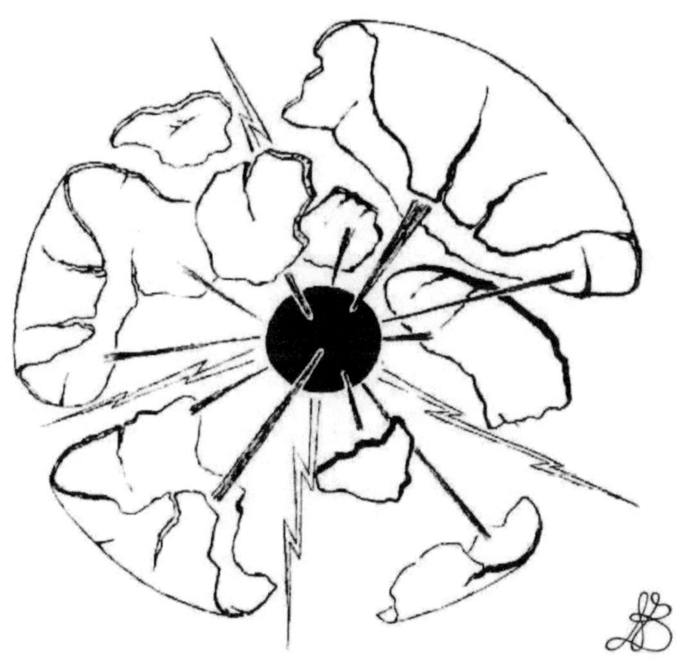

Es ist wie ein Selbstmord. „Zu groß zum Überleben" - und nicht – „zu groß zum Scheitern" ist gültig, wenn wir es mit astronomisch Regeln betrach-
ten. (Zu groß, um zu überleben wurde uns in der
Geschichte so oft schon vorgeführt, dass wir mittlerweile „den Wald vor lauter Bäumen nicht mehr
sehen" - eine Liste einiger historischen Entwicklungen wird später dargestellt.)

Die "TOO BIGs" müssen dringend verkleinert
werden. Sonst werden sie implodieren - und ihre

Implosion wird zu dramatischen Vermögensver-
lusten führen. Nach einer Super Nova, am
Ende der „(Supernovae) Zeit", bleibt nichts übrig.
Nur Staub.

Und dieses "TOO BIG" gilt nicht nur für eine In-
vasion - oder alles "beschlagnahmende" Staaten,
sondern auch für andere Aspekte – wie zum Beispiel für den Aspekt von zu viel Geld:

A) Zu viel Geld (zumindest früher …):
Wenn zu viel Cash-Flow in einer Volkswirtschaft
ist - führt dieses zu einem Steigen der Preisen. Und
zu viel Inflation wird am Ende zu einer Abwertung
führen - ähnlich wie bei einem Super-Nova-Effekt.

B) Zu viel Geld (in der heutigen Zeit):
Wenn das Geld nur "produziert" wird um 1)
Staats- und Bankschulden wegen Fehlern in der
Spekulation zu kompensieren, oder 2) um zu versuchen, den Währungs-Wert zu reduzieren, um
die eigene Wettbewerbsfähigkeit zu erhöhen oder
3) nur um zu versuchen, die "too big to fail" zu retten – wird dieses nicht zu einer Inflation der
Preise führen, sondern „nur" zu einem Aufblähen
des "virtuellen" Geldes, ohne Bezug zu den realen
Werten der "normalen" „realen Welt". Und die Explosion dieser "virtuellen Geldblase" führt auch zu

einer Abwertung von (unter anderem) Staatspapieren - ähnlich wie bei einem super-nova-Effekt - wenn (!) keine Relativierung dieser Aufblähung erfolgt, wie später gezeigt werden wird.

Die Zeit hat es gezeigt - und die Zeit wird es wieder zeigen.

Konzentration über Gravitation / Zentralisierung ist nicht gut, weder für Sterne noch für die Regierungen - und auch nicht für die Planeten oder Unternehmen.

Seit Keynes Staats-Nachfrage-Politik-Theorie wurden viele Aspekte der Zentralisierung - und Schulden in unglaublichen Dimensionen - etabliert. So viel Schulden entziehen dem Markt sämtlichen Cash-Flow und trocknen den Rest des "Universums" aus. Dieses kann zu einer Implosion führen: Wirtschaftskrise, Abwertung oder Währungsreform.

Die „Kraft" der „Planeten" (Unternehmen und Bürger) – wird reduziert und im schlimmsten Fall wird alles zerstört.

Das heißt:
O Je mehr Freiheit, desto mehr Zeit, um zu überleben.
O Je mehr Freiheit, umso mehr Reichtum kann
erzeugt werden.
O Je weniger Zentralisierung, desto geringer
ist der Schaden von einzelnen Fehlern.
O Geschwindigkeit („X" Raum, Materie oder Energie in „Y" Zeit-Einheiten) ist ein Schlüssel, um vieles zu verbessern. Sie ist ein Schlüssel zur Freiheit der eigenen Raum-Wege – und um sich fern
halten zu können: fern von der Stern-Gravitation
und den Schwarzen Löcher – fern von (Freiheits-
)Raum- Absorptions-Zentren.

Niemand ist perfekt. Dieses gilt auch für Staaten und Regierungen. Wir müssen dringend
Zentralisierung reduzieren und Freiheiten wieder erhöhen. In allen Lebensbereichen. Bei
Einzelpersonen, Unternehmen und Ländern.

Planeten gehen ihren eigenen Weg - innerhalb
einer Solargemeinschaft. Es gibt ein "Geben
und Nehmen" - ausgeglichen durch die Raum-
absorption, nach Einstein. Diese Freiheit erzeugt Expansion, (Frei-)Raum (Reichtum) im
Universum.

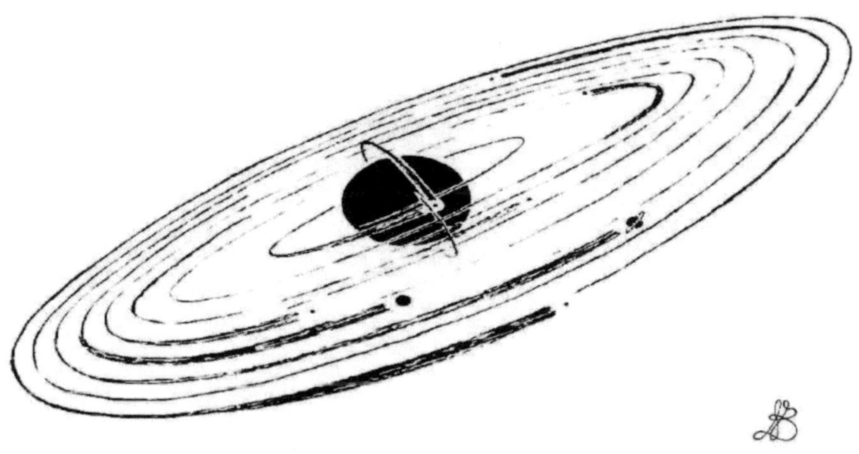

Zeit ist relativ - und geduldig. Und es scheint immer noch Zeit zu geben, um zu reagieren. Aber wenn nichts passiert, werden die Regeln des Universums für die Rückführung ins „Nichts" sorgen: sie werden zur Implosion all dieser aktuellen virtuellen Blasen führen. Die Zeit wird es zeigen.

B.4. Physikalische Aspekte der Zeit

A.) Basis Dimensionen

Innerhalb der physikalischen (Variablen) Basis- Dimensionen, ist Zeit eine der sieben physikalischen Dimensionen:

	Basis	Zeichen
a. Länge Relativmaß	Meter	m
b. Masse spezifische Dimension	Kilogramm	kg
c. Zeit umfangreiche Dimension	Sekunde	s
d. Elektrischer Strom intensive Dimension	Ampere	A
e. Temperatur Prozessdimension	Kelvin	K
f. Stoffmenge energetische Dimension	Mol	mol
g. Lichtstärke Felddimension	Candela	cd

B.) Raumabmessungen

Die Zeit ist die vierte Dimension für den Welt-
raum. Einsteins gekrümmten Raum-Zeit-Dimension hat die astronomischen Theorien revolutioniert. Er zeigt, dass Zeit ein zentraler Aspekt für
den kurvigen (nicht geradlinigen, was eigentlich
kürzer - weil direkter - erscheint) Verlauf der Pla-
neten-Bahnen um ihren jeweiligen Stern ist. Zeit
ist auch ein Aspekt auf der "eigene Suche" der
Planeten für den besten Weg um ihren Stern (1.:
elliptische(!) Umlaufbahn d.h.: mit der kürzest-
möglicher Verweilzeit/Strecke ihrer Umlaufbahn
am(!) Stern, um so lange wie möglich frei (!) im
Universum schweben zu können - und 2.: ge-
krümmt: Suche nach dem kürzesten Weg um
den Stern).

C.) $E = m * c^2$
Die Zeit ist ein zentraler Aspekt in der Speziellen Relativitäts-Theorie-Formel von Albert Einstein.

D.) Richtung
Die Zeit ist die einzige Dimension, die nur in
eine "Richtung" geht - kein Zurück (nach derzeiti-
ger Betrachtung und Erkenntnis) ist möglich.

E.) Wandlungsfähigkeit
Zeit selbst ist sehr schwer zu beeinflussen.

Zwei Aspekte, mit welchen "individuelle Zeit" beeinflusst werden kann, sind 1.) über Geschwindigkeit - und 2.) die Abkehr von Gravitation. Aber die "allgemeine Zeit" wird ihre Richtung fortsetzen. Zeit kann nicht, wie Geld, (recht) willkürlich verändert oder ausgetauscht werden. Es ist keine Verfälschung möglich. Und "Inflation" ist weniger möglich als mit Geld: Man kann nicht einfach mehr Zeit drucken.

Eine dritte "Macht", welche in der Lage ist, indirekt Zeit zu beeinflussen, ist 3.) ein Ur-Knall, Big-Bang: Zeit entsteht meiner Ansicht nach im Universum mit jeder Geburt eines neuen Sterns (z.B. aus der Konzentration von Neutronen-Nebeln) – und auf Erde durch höhere bzw. niedrigere Geburtenraten (jede Geburt ist quasi ein Ur-Knall, mit welchem die Zeit der Menschheit als solche verlängert werden kann). Mit jeder Geburt entsteht aber auch ein Gegenwert – ein Mensch – und nicht „Nichts", wie bei dem aktuellen Gelddrucken. Und 4.) die vierte Macht, welche Zeit beeinflussen kann, ist der Tod von Lebewesen, bzw. das Ende (eine Super-Nova) von Sternen.

F.) Sichtbarkeit der Zeit.

Es gab schon immer Versuche, Zeit sichtbar zu machen. All diese Instrumente stellen jedoch nur unsere Sicht der Zeit dar. Die Zeit selbst ist unsichtbar:

a) Wasseruhren

Die ältesten Uhren der "westlichen" Seite der Welt sind schätzungsweise 1600 vor Christus entstanden und in Ägypten und Babylon gefunden worden. Allerdings behaupten einige Autoren, dass diese Uhren bereits 4000 vor Christus in China erschienen sind. Diese Wasseruhren wurden sicherlich von Astronomen erfunden, weil diese Uhren mit Wasser die Zeit auch in der Nacht messen konnten, beim Sterne beobachten.

b) Sonnenuhren

b.1. Tekhenu ("Obelisk" in Griechisch) sind die ältesten (3500 vor Christus) Denkmäler, welche von den ägyptischen Astronomen konstruiert wurden, um die Zeit zu messen. Es sind große Gebäude aus Stein, wie ein Nagel, vierseitigem Ende mit einer pyramidenartigen Form an der Spitze. Die Zeit wurde mittels des Schattens auf dem Boden gemessen - aber kein echtes "System", für genaue Zeitmessung wurde gefunden.

b.2. Schatten-Uhren, älteste: 1500 vor Christus, auch aus Ägypten. Sie besaß einen Tekhenu-Stab und einen flachen Stein mit Markierungen auf ihm, um die Zeit ein wenig genauer bestimmen zu können. Diese Technologie dauerte bis zum 17. Jahrhundert an, mit diversen Optimierungen.

c) Stundenglas

Sand „fließt" durch ein kleines Loch von einem Glaskolben in einen anderen. Zeit konnte so auch auf Schiffen erfasst werden (Wasser-Systeme funktionierten -wegen Bewegungen - nicht für die Navigation). Die früheste Vermutung, wann sie erfunden wurden, ist 150 vor Christus, in Alexandria.

d) Mechanische Uhren

Die erste Erfindung einer mechanischen Uhr wurde 1100's vor Christus in China realisiert. Sie wurde durch einen Vorschub-/-Auslösungsmechanismus betrieben.

e) Pendeluhren

Sie wurden im Jahre 1602 von Galileo Galilei erfunden und blieben die führende Technologie bis zu den 1930er Jahren.

f) Elektronische Uhren
   Die erste elektronische Uhr wurde 1840 erfunden, aber, da Strom noch nicht weit verbreitet war, begann die Verbreitung erst 100 Jahre später, in den 1930er Jahren.

g) Quarzuhren
   Sie wurden im Jahr 1927 in den USA erfunden, aber ihre Verbreitung erfolgte erst in den 1980er Jahren, als Produktionskosten sanken.

h) Atomuhren
   Atomuhren wurden 1949 in den USA erfunden. Die genaueste wurde in der Schweiz 2004, mit einer Ungenauigkeit von 1 Sekunde in 30.000.000 Jahren, gebaut.

   Alle diese Versuche, Zeit sichtbar zu machen, zeigen, wie wichtig und faszinierende Zeit für die Menschheit seit jeher ist.

G.) Häufigkeit / Menge an Zeit

Es gibt viele verschiedene Ansichten über die Zeit. Erlauben Sie mir eine weitere hinzu zu fügen ...

Die Zeit scheint endlos zu sein. Aber meiner Meinung nach, existiert Zeit nur, weil Materie, Raum und Energie vorhanden sind.

Und wenn Energie umwandelbar und begrenzt ist, dann muss auch Zeit relativ und begrenzt sein.

Nach dem Big Bang, ist eine begrenzte Menge an Energie entstanden - und eine begrenzte Menge an Zeit, in enger Korrelation und Abhängigkeit von den anderen Kräften.

Für eine bestimmte Menge an Energie/Materie/ Raum – entstand eine entsprechende Menge an Zeit. Je konzentrierter die jeweilige

Materie, desto größer ist die Menge an „absorbierter", „konzentrierter" Zeit, welche diese Materie „trägt". Die Halbwertszeit von Th-isotop232 ist 14.050.000.000 Jahre. Der Mensch kann 120 Jahre leben. Fliegen 1 Tag.

Wenn der erste "Träger" der Zeit "stirbt", wird Zeit an einen „Nachfolger" „übergeben" – welcher durchaus auch etwas Anderes sein kann (1.   Sonne, 2. Super-Nova-Im-/Explosions-Energie, 3. Quasar, 4. Staub, 5. Neuer Stern via Big-Bang aus Neutronen-Staub-Konzentration), da die Zeit selbst konstant bleiben muss. Sie ist jedoch durchaus in der Lage, sich unterschiedlichen Umständen anzupassen – je nach Umgebung.

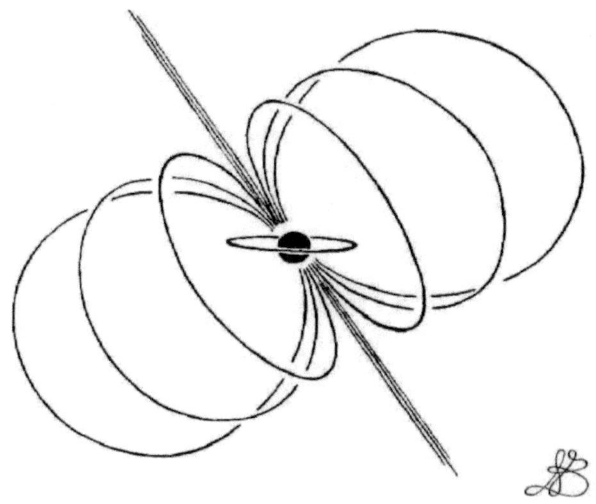

Die „Lebens-Zeit" von jeder Materie - oder Menschen - kann durch die Investition von Energie (auch indirekt) erhöht werden:

Kernmaterial kann angereichert werden. Menschen können mittels Investition von Mühe und Forschung bessere Mahlzeiten konsumieren und auch mit einer besseren Medizin ihre Lebenszeit erhöhen. Aber diese Zeit und Energie, die man gewinnt, musste zuvor woanders investiert / konsumiert / weggenommen werden.

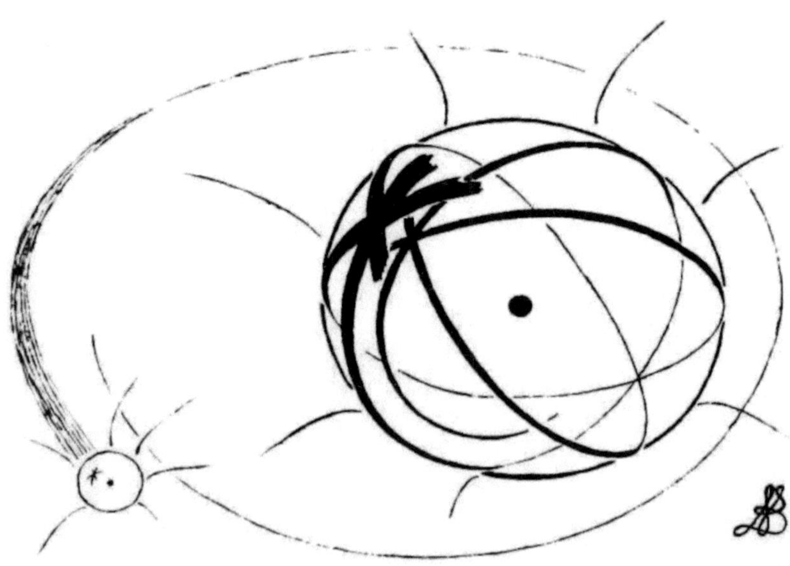

In der Summe bleibt die Zeit als solche, genauso wie die Menge der maximalen Energie, konstant.

Zeit umgibt, meiner Meinung nach, sein Objekt / Träger (!) wie eine Blase. Zeit ist Träger-Immanent!

Dabei ist die Zeit-Menge (Zeit-Blase) nicht (primär) eine Korrelation der drei Raum-Dimensionen und der vierten Raum-Zeit-Dimension in einer Art "Seifenblase". Letztere Zeit-Blasen-Dimension ergibt sich jedoch als direkte Korrelation von einer bestimmten Materie-/-Energie-Kombination.

Dieses kann - meiner Meinung nach - durch Umdenken gezeigt werden: indem die Formel von Einstein ein wenig verändert wird:

$E = M * c^2$ („M" = Materie, um zu unterscheiden von dem „m" = Meter)

$E = M*(300.000*1.000 \text{ m/s})^2$

Aus „km" werden so „m" = Basis-Einheit. 300.000 * 1000m =!= „d"

„d" =!= Konstante:„Zeit-Abstand

$E = M*(d/s)^2$

hieraus die Wurzel gezogen, ergibt

$\sqrt{E} = \sqrt{M} * (d/s)$

Durch $\sqrt{M}$ Teilung führt zu

$\sqrt{E} / \sqrt{M} = d/s$

Auflösung nach s führt zur <u>Zeitformel</u>

$s = d * (\sqrt{M} / \sqrt{E})$

oder vereinfacht

Zeit = Materie / Energie

„s" als "die Zeit" definiert, bedeutet:

Wenn alle Materie in Energie umgewandelt werden würde, ergäbe obige Formel eine Null bei M und würde durch endlose E geteilt werden – das bedeutet: eine Null. Dies multipliziert mit d wäre Null. D.h. Zeit würde verschwinden, wenn Materie verschwindet - genau so, wie es geschehen würde, wenn Materie mit Quadrat-Licht-Geschwindigkeit fliegen würde, wie von Einstein vorhergesagt. In diesem Szenario würde auch die konstante "Zeit-Weg-Linie" verschwinden und es entstünde etwas Unendliches.

Dieses „Verschwinden" der Zeit bei (ca.) Quadrat- Licht-Geschwindigkeit bedeutet nicht, dass dieses mit (ca.) Quadrat-Licht-Geschwindigkeit fliegende Materie-Teil „M" sterben wird, da für dieses Teilchen ja keine „Zeit" mehr vorherrscht. In der Physik ist es hier das Gegenteil. Zeit hat (fast) keinen Einfluss (!) mehr (strebt gegen Null). Und da Zeit (fast) keinen Einfluss mehr hat, kann das „Leben" für dieses Materie- Teilchen endlos sein - bereits (fast) komplett in Energie verwandelt, was „nur" ein anderer relativer Material-Zustand wäre.

Und umgekehrt, wenn die Materie (z.B. durch das Zusammenprallen zweier Planeten oder Sterne) „stärker" (größer) wird, dabei aber „Energie" (durch die Kälte eines der Planeten, oder durch Geschwindigkeitsverlust durch den Aufprall) verloren geht, dann nimmt „M" zu, aber „E" ab. Und wenn M zunimmt, dann vergrößert sich nach der obigen Formel die Zeit „s" für diese Materie-/Energie- Konstellation. Aber auch hier gilt umgekehrt, dass „man" nicht mehr Lebens-Zeit hat – sondern weniger! Die Zeit hat in dieser Konstellation mehr „Macht" – und beeinflusst die Lebenszeit des M-Teils negativ. Da M größer wurde, wird auch die Gravitation größer – und je größer die Gravitation, desto eher kommt es zu einer Super-Nova oder einem Schwarzen Loch, was alles an Materie zerstört (ohne jegliche Geschwindig-keit), in Staub oder/und (verpuffende!) Energie umwandelt – wobei ein Schwarzes Loch auch diese Energie absorbiert (absorbiert sogar Licht).

Hinter diesen beiden letzten Konstellationen versteckt sich ein/e weitere/s „Geheimnis"/ Entde-ckung, welche/s ich zum Teil schon dargestellt habe (im ersten Buch) und welches ich im 4. Buch als Mosaik ergänzen werde: die Korrelationen von Zeit und Raum. Dieses Buch wird wohl erst 2017 fertig sein.

Dass diese Formel jedoch stimmen muss, zeigt der Aspekt, dass bei zwei identischen Uhren die Zeit am Gipfel eines Berges schneller läuft (als die Zeit auf Meeresspiegel-Niveau) – und die Lebens-Zeit somit auf dem Gipfel (wegen mehr Fluktua-tions- Geschwindigkeit und weniger Gravitation) steigt (auf Meeres-Niveau sinkt). Mit größerer Ge-schwindigkeit (ist nichts anderes als eine Art von Energie) relativiert (verkleinert) man die Bedeu-tung der Zeit (gemäß o.g. Formel).

Die (Lebens-)Zeit-Dimension differiert in enger Abhängig von Materie/Energie/Geschwindigkeits-Konstellationen eines Objektes/Subjektes. Des-halb ist die Lebenszeit des Th-Isotop länger als die eines Menschen. Und ein kleines Unternehmen mit viel "Energie" wird länger leben als staatliche Unternehmen mit geringer Energie - zumindest in normalen Wettbewerbs-Märkten, ohne staatliche Eingriffe.

Und da die Zeit-Dimension immer "d" multipliziert mit der jeweiligen Materie/Energie Korrelation groß sein wird, kann man sich die Zeit als kleinere (bei geringer Materie/Energie-Korrelation) oder größere (bei größerer Korrelation) „Kugel" vorstellen, welche ein entsprechendes Materie/Energie-Objekt umgibt.

Zeit wird in erster oben genannten Konstellation nie enden. Dieses wird aus der Erkenntnis abgeleitet, dass Materie, bei extremer Beschleunigung, heiß wird und dadurch expandiert. Diese Expansion wird vor Erreichung der Quadrat-Licht-Geschwindigkeit extrem. Die benötigte Energie zur Erreichung der Quadrat- Lichtgeschwindigkeit ist jedoch größer, als die Energie, E, die aus dieser Geschwindigkeits-Erhöhung nach Einstein resultieren sollte. Da Energie begrenzt ist, wird dieses nicht passieren!

Auf Basis der letzten Sätze weitergedacht, wird

die Zeit nie sterben, (fast?!) endlos sein. Zumindest, wenn die "Richtung" der Konstellation in Richtung Beschleunigung geht. Und da das Universum beschleunigt und expandiert, sind diese Ideen schön. Und: da die Erweiterung des Universums der Generierung von Wohlfahrt auf der Erde gleichgesetzt werden kann (nach unserer Sicht der Dinge), sollten diese positive Tendenz-Regeln der Astronomie auch auf die Wirtschaft angewendet werden.

Auf der anderen Seite (wie im Buch Astronomic Solutions dargestellt) kann es durch die Relativierung von Einstein via Extrapolation von Newton zu einer extremen Gravitation kommen, die alles zerstören kann. Dieses ist nicht die aktuelle Tendenz im Universum. Aber diese Tendenz (Gravitation = Macht-Zentralisierung) ist immer wieder auf der Erde zu beobachten. Schade. Aus diesem Grund versuchen wir durch u.a. publizieren dieses Buches, positive Astronomie-Regeln auf die Wirtschafts- Herausforderungen zu übertragen.

B.5. Historische Aspekte der Zeit.

Kein Regime hat bis jetzt für lange Zeit überlebt - daher: kein Regime weiß, was "der beste Weg" ist. Daher sollte man die Märkte gehen lassen, wohin sie sich entwickeln - keine Interventionen zwecks Umleitung - es sei denn, die Menschenrechte werden verletzt.

"Die Zeit heilt alle Wunden". Aber die Wunden sind kleiner, wenn keine "mächtigen" Politiker versuchen, die Dinge in ihre Richtung zu beeinflussen.

B.6. Lebens-Aspekte der Zeit.

In unserer Welt hat sich die Zeit als ein Aspekt etabliert, der uns in allen Bereichen begleitet - als eine zusätzliche Art von Austauschmedium.

In der Spitze eines Miteinanders, leben Menschen von "Luft und Liebe" – die Zeit scheint am Anfang einer Beziehung, endlos zu sein. Zeit-„Investitionen" in einer privaten Beziehung "machen sich bezahlt" - nicht als Geld, aber sehr wohl in Menschlichkeits- Werten.

Am Abgrund eines Miteinanders, liegen Hass und Tod - das Ende einer Lebenszeit. Zeit hat bei Toten ihren Einfluss beendet.

Während mit der Liebe die Zeit endlos scheint, bekommt sie bei Tod, den Wert von Null.

Irgendwo zwischen diesen zwei Extremen liegt

der Wirtschaftssektor. Das primäre Austausch-Medium hier ist heutzutage „Geld". Aber auch hier ist die Zeit ein elementarer qualitativer Faktor im Bereich wirtschaftlichem Relation-Managements - und ein zentraler Aspekt für alle Messungen, wie die Rentabilität, Arbeitszeit-Erfassung, Bilanz Aspekte, ...

Nach all diesen Gedanken über die Zeit werden wir uns nun auf die astronomische Bedeutung der Zeit und ihren Einfluss auf die Wirtschaft (Ökonomie) und Gesellschaft (Soziologie) fokussieren.

In dem Buch "Astron-Economy Solutions" (Albert Bright, 2014) analysierten wir viele Parallelitäten in der Astronomie und Wirtschaft - und entwickelten:

1) einen wirtschaftlichen Formel-Ansatz auf Basis der Energie-Formeln von Albert Einstein

und

2) einen Ansatz über die Bedeutung von „Kreisen"/Umlaufbahnen in der Astronomie, und derer möglichen Bedeutung und Übertragbarkeit auf die Wirtschaft.

Nach diesen grundlegenden Gedanken im letzten Buch - und dem Nachweis, dass es sehr viele echte Parallelitäten gibt -, wollen wir uns jetzt, in diesem Buch, auf die nächste „naheliegende" Dimension der Astronomie fokussieren,

O Die 4. Dimension in Universum ist "Zeit"
O Die 4. Dimension in der Wirtschaft ist "Geld"
   - zumindest noch im Augenblick …

<u>C.</u> <u>Zeit-Aspekte im Astron-Ökonomie-Modell</u>
DIE ZEIT - UND IHRE INTERDEPENDENZEN

Die Zeit ist eine astronomische Dimension. Stephen Hawking schreibt in seinem Buch "A Briefer History of Time" im letzten Satz des ersten Kapitels: "Nur die Zeit (was auch immer das sein mag), wird es zeigen." - Nicht: "wann", sondern: "was" auch immer „das" sein mag. Daher ist Zeit auch für Physiker eine mysteriöse und hoch angesehene Dimension.

Die Zeit scheint - zumindest in unseren aktuellen Dimensions-Gedanken - zusammen mit den anderen Dimensionen (Raum, Materie, Energie ...) im Urknall geboren worden zu sein. Die Zeit ist die geheimnisvollste Dimension, da sie nicht wie Materie berührt werden kann, nicht wie ein Zimmer begangen werden kann - und läuft nur in eine Richtung (die Richtung gilt zumindest für jede Existenz (Sache oder jedes Lebewesen) – bei $|E|$ (via c^2) ist Zeit bedeutungslos und Existenz-Zeit endlos; bei $|G|$ ist Zeit enorm und Existenz-Zeit gleich Null).

Nach einer Super-Nova (also dem Tod, dem Ende der Zeit eines zu groß gewordenen Sterns oder/und eines Sterns mit zu wenig Energie bzw. Geschwindigkeit) kann durchaus ein neuer Stern aus den Staubwolken entstehen, welche bei der Im- & Explosion der Super-Nova resultierten: Ein Neu- Anfang der Zeit für einen neuen Stern nach dem Tod eines alten Sterns. (Für nähere Betrachtung siehe: "Astronomic Solutions", Albert Bright, 2014). Man könnte auch von einem „Kreislauf" der Zeit sprechen, da sie scheinbar ständig - wenn auch in anderen Objekten oder Subjekten - wieder auflebt und wieder zu sterben scheint. Auch (Existenz-)Zeit ist begrenzt - und relativ.

Ähnliches gilt auch auf unserer Welt – z.B. bei dem Auf und Ab der Nationen: Die Ägypter, Griechen, Spanier, Portugiesen, Franzosen, Niederländer, Dänen, Deutsche, Amerikaner ... Wenn ein Regime zu groß wird (und zusätzlich unter nachlassender "Energie"/"Macht" leidet), wird es implodieren – im Laufe der Zeit ... Und aus dem „übrig gebliebenen Staub" des alten Systems wird sich etwas Neues entwickeln - wenn die Zeit reif ist.

Im Astron-Economy-Modell haben wir die Formel der Speziellen Relativitätstheorie von Albert Einstein als eine Basis genutzt. Hier übertragen wir die physikalischen Dimensionen in wirtschaftliche Dimensionen:

$E = m * c^2$ wurde auf $W = M * V^2$ transformiert, wobei: W (wealth) = Reichtum; M = (matter) den Produkte- und Dienstleistungs-Markt repräsentiert; und V^2 (velocity) = steht für Geschwindigkeit oder Effizienz der Produktion.

Zunächst wurde die Übertragbarkeit der Kräfte und Dimensionen auf die Wirtschaft analysiert. Dann wurden die Kreisläufe/ Umlaufbahnen im Modell auf ihre Funktionalität untersucht, da Modelle nur funktioniert, wenn sie einen kontinuierlich(-en) (wachsenden) Kreislauf aufweisen können.

Zeit war in dieser Kreislauf-Analyse die zuletzt analysierte Dimension - aber "letzte" hat nicht bedeutet "bedeutungsloseste". Ich wollte "Zeit" eine besondere Aufmerksamkeit widmen - mit diesem zusätzlichen Buch.

a)   Die Rolle der Zeit bei "W", Wohlfahrt

Die Zeit hat eine große Bedeutung für Wohlfahrt. Und da die Zeit eine langfristige Dimension ist, sind weitsichtige Konzepte am erfolgreichsten.

Eine weitsichtige Vision wird immer stärker sein, als kurzsichtiger Aktionismus. Die einzelnen Schritte in Richtung der Vision müssen Visions-orientiert erfolgen.

Bis vor etwa 500 Jahren (1492), als Amerika entdeckt wurde, war für viele Menschen die Welt noch flach und das Zentrum des Universums. Das ist nicht lange her - im Vergleich zu den 60.000.000 Jahren, der Mensch-Geschichte.

Und in diesen 500 Jahren wurden große Reiche aufgebaut – und wieder vernichtet ...

... und von den vor 100 Jahren gelisteten Groß-Unternehmen sind weniger als 1% noch existent.

Während das Universum mit der Zeit wächst, scheint die Menschheit gegen die Zeit zu arbeiten - und/oder gegen viele Regeln, welche in Kombination mit der Zeit-Dimension gelten. Dadurch wird – auch potentielle – Wohlfahrt zerstört.

Wohlfahrt wird nach der Formel W = M * V² mit Materie und Zeit-Aspekten (Geschwindigkeit, Produktivität) erzeugt.

Wenn innerhalb der Formel etwas in Korrelation zu den anderen Dimensionen zu groß wird, ein Ungleichgewicht entsteht, welches nicht ausgeglichen werden kann, wird das System zusammenbrechen.

Zu viel (virtueller) "Reichtum" (Blasen) auf der linken Seite der Gleichung, ohne dass die „Größen" der rechten Seite der Gleichung folgen können, wird zu einem Zusammenbruch eines (Teils – z.B. jene,   die „Wohlfahrt" bewertenden Währung - des) Systems führen.

Und bezüglich "M": Zu viel Investition in unproduktive oder weniger produktive Staats-Sektoren (wie: Waffen und Soldaten für „Reichs"-Erweiterungen oder Wahl-Gewinnungs, aber nicht finanzierbaren Versprechen) oder zu viele staatlichen Interventionen (wie: zu viel Rettungs-Geld auf nur administrative oder spekulative Sektoren wie Banken zu konzentrieren - und die Pflege von realwirtschaftlich produktiven Sektoren vernachlässigend) wird zu einer abnehmenden Geschwindigkeit / Produktivität "V" führen. Und da dieses "V" eine "V²" potenzierte Bedeutung hat, ist der negative Effekt für die Wohlfahrt größer als die positiven aktionistischen "Investitionen" oder gar regelwidrigen aktionistischen Interventionen.

Die Zeit hat´s gezeigt - und die Zeit zeigt´s weiter.

b) Die Rolle der Zeit bei "=" Regeln und Gesetzgebung

Wir brauchen Regeln, um Wohlstand zu generieren. Dies ist der zentrale Aspekt des Zeichens "=", der Gleichungs-Regel. Ohne Regeln oder mit ungleichen Regeln wie ">" oder "<", kann keine allgemeine und multiplikative Wohlfahrt entstehen - zumindest keine bestmögliche "Wohlfahrt der Menschheit", sondern nur als "Wohlfahrt von einigen". Und die nur Wohlfahrt für Einige hat immer wieder zu Revolutionen und / oder Krisen geführt, welche dann häufig zu mehr Wohlstand für alle geführt haben. Im Laufe der Zeit. Es hätte aber alles viel früher und mit viel weniger Wohlfahrtszerstörung erfolgen können.

"Einige" können nie so viel konsumieren wie "die Menschheit". Also führen "Revolutionen", welche mehr Menschen befähigen, Wohlfahrt zu

erzielen, immer zu einer allgemeinen Wohlfahrts-
steigerung.

Dies bedeutet nicht, dass eine Umverteilung
des aktuellen Reichtums seitens der Politik mittels
staatlicher Eingriffe erfolgen sollte. Dieses ist in
der Vergangenheit in der sogenannten „Sozialen
Marktwirtschaft" versucht worden – und kläglich
gescheitert. Reichtum ist heutzutage konzentrierter als jemals zuvor.

Die nächste „Revolution" muss – meiner Meinung nach - gegen viele Regeln und Kräfte sein,
welche von "Alles-Regulieren-Wollenden-Politi-
kern" aufgestellt worden sind. Es muss eine Revolution in Richtung mehr Freiheit des Individu-
ums sein. Diese „Revolution" muss in Richtung
weniger Staats-Regeln und weniger Interventionen gehen.

Das "=" Zeichen ist nur ein Symbol, welches uns
zu den Dimensionen führt, die **wirklich** wichtig
sind, um Wohlstand zu erzeugen: "M" und "V²".
Das "=" selbst, Regeln und Gesetze des Staates
alleine, produzieren nichts. Wenn es zu viel Regu-
lierung gibt, wenn Regeln und Vorschriften, wenn
"=" zu schwer wiegt, wenn „=" zu starken Einfluss
auf rechts oder links in der Gleichung hat, zu stark
regulierend eingreift, dann wird das Niveau der

Wohlfahrt (linke Seite der Wohlfahrts-Gleichung) sinken, weil die Aktions- Freiheit der produktiven Kräfte (rechts) eingeschränkt wird. Wenn Jurisdiktion selbst einen Haupt "Wert" (für den Staat - als Institution – zur Profilierung – und gegen die Freiheit der Individuen wirkend) wird, oder sogar ein "Ziel" ist (Überregulierung der Dinge) oder sogar einen profitablen Sektor zum investieren hervorbringt (Millionen sogar mit dummen Beschuldigungen verdienen zu können), dann sind die Wohlstand schaffenden Kräfte nicht mehr auf der rechten Seite der Gleichung, sondern in der Mitte, bei dem „=". Sie behindern die Generierung von wahrem Wohlstand, verlagern "Wohlstand der Menschheit" in Richtung "Wohlstand einzelner".

In Einsteins Energie-Erzeugungs-Formel $E = m * c^2$ hat das "=" Zeichen selbst keinen Wert. Es ist nur eine Regel-Symbol für seine Ideen auf der rechten Seite der Gleichung, wie groß Energie ist.

Das, was die Menschheit aus „=" entwickelt hat, z.B. das „Liberté, Egalité, Fraternité" sind Aspekte, welche das Wohlbefinden auf der linken Seite der Wohlstandgleichung stark erhöhen können. Gleichwohl fehlt in den Errungenschaften der Französischen Revolution u.a. ein zentrales Wort: „Réalisabilité", Realisierbarkeit. Nur „Gleichheit" führt nicht zu Wohlstand. Und zu viel

Einfluss von „Politik und Regeln", der Bürokratismus und Zentralismus, welche nach der Revolution entstanden, behindern Wachstum (rechte Seite …) und damit Wohlfahrt (… linke Seite der Gleichung).

Im Universum gibt es eine Tendenz hin zu einem Gleichgewicht. Automatisch. Ohne dass ein Staat eingreift. Die gleichen Regeln gelten für unsere Erde. Staatsinterventionen führten nicht zu der anvisierten Vermögensumverteilung in der Vergangenheit. Die „Quantitative Lockerung" hat zur Steigerung der Geldmenge von 1.000% geführt – und nur zu 5% Wachstum. Denn 700% dieser Zunahme sind an versteckten Stellen gelandet. Dieses Geld bleibt in erster Linie bei den Banken und bei den Staaten – und dort zum großen Teil bei deren jeweiligen Bad-Banks- Unterkonten". Alle Transaktionen versteckt. Der Rest des Geldes endet als spekulatives Geld: die Kurse stiegen um 300%, obwohl sich real nicht viel getan hat.

1.000% der quantitativen Lockerung führten nicht zu einem "echten" Wachstum des Netto-Sozial- Produkts - bei nahezu keinem Staat. Und die "too big to fail" sind eher "zu groß, um zu überleben". Das dort zur „Stabilisierung" gelandete Geld fehlt dem Mittelstand, um wirkliches Wachstum zu erzielen. Das „reale" Wachstum der Vergangenheit ist „trotz" und nicht „wegen" staatlicher Interventionen entstanden. Alternativen sind erforderlich.

Je kleiner das "=" – und damit die Menge der Regeln und die Zeiten, die erforderlich sind, um sie zu erfüllen – bzw. vor Gericht benötigt werden, um gegen sie zu kämpfen, desto mehr Zeit für die Produktivität, desto mehr Wohlstand kann erzeugt werden.

Die Zeit hat´s gezeigt - und wird´s weiter zeigen.

c) Die Rolle der Zeit bei "M", "Materie"

Am Ende sind wir alle tot. Aber in der Zwischen-Zeit können wir eine Menge mit unserer Zeit tun.

Die Bedeutung der Zeit für die Kreisläufe der (Teil-) Sektoren innerhalb der als "Materie" definierten Beziehungen zwischen den für Wachstum und Wohlfahrt agierenden Bereichen (Unternehmer, Arbeitnehmer und Verbraucher, Staat, Produkte und Wechselmedien - wie in dem Buch "Astron-Economy Solutions" beschrieben, Albert

Bright, 2015) ist immens. Seit der industriellen Revolution, die in der zweiten Hälfte des 18. Jahrhunderts beginnt, ist die Zeit in der Massenproduktion, einer der wichtigsten Erfolgsfaktoren.

Zeit drang in alle Bereiche des Lebens - und für jede Art von Geschäft wuchs ihre Bedeutung kontinuierlich - bis heute, wo Millisekunden über Gewinn oder Verlust im spekulativen Bereich entscheiden.

In diesem Buch möchte ich nicht über all die Dinge schreiben, die wir über die Zeit in unserem normalen Arbeitsleben wissen. Auch nicht über alle Aspekte die für Unternehmer in Punkto Zeit von Bedeutung sind. Einen Haupt-Fokus lege ich auf einen Bereich, der im letzten Buch (Astron-Economy-Solutions) nur am Rande erwähnt wurde: "Austauschmedia". Dies wird in dem nächsten Haupt-Kapitel erfolgen ("D. Geld Aspekte im Astron-Economy-Modell)"

d) Die Rolle der Zeit bei "V²", Geschwindigkeit / Produktivität

Die Bedeutung der Zeit in der Astronomie ist so groß, dass Einstein den Zeitaspekt (in ihrem Zusammenhang mit Geschwindigkeit) in seiner Formel E = m * c² mit einer Potenz versehen hat. Wir potenzieren daher die Zeit-Aspekte auch in der Astron-Wirtschafts-Formel. Die Zeit ist die zentrale Grundlage für alle Branchen in allen Ländern für alle Arten von Produktion bis hin zu allen Arten von spekulativen Modellen.

D. <u>Geld Aspekte im Astron-Economy-Modell</u>

In früheren Zeiten waren die Austauschprozesse zwischen verschiedenen Waren recht schwierig. Manchmal musste man zuerst eine Menge Hühnereier gegen Kaninchen umtauschen, um dann die Kaninchen gegen Schafswolle tauschen zu können.

Austausch-Medien sind entwickelt worden, um Dinge "direkter" (schneller, d.h.: die Zeit hat diese Entwicklungen mit beeinflusst ...) tauschen zu können.

So wurden die Kaninchen durch Gold ersetzt, dann Silber, Stahl-Münzen, Papier-Banknoten, virtuelles Geld .... Und da kein Regime dem anderen traut, entwickelte fast jeder Staat sein eigenes Geld. Es gibt 195 offiziell anerkannten Staaten und 160 offiziell anerkannte Währungen - ohne besondere Entwicklungen neuer "unabhängigen" Währungen in verschiedenen Unternehmen oder Banken zu zählen. Die Vielfalt wächst. 1945 gab es 50 Länder - und die wichtigste internationale Währung war der Dollar. Heute haben wir 195 Ländern - und der Dollar bekommt kontinuierlich neuen Wettbewerb von neuen Entwicklungen.

Vertrauen. Wenn jedes Land oder Unternehmen sein eigenes Geld erstellt - welcher (Austausch-)Währung können wir dann noch vertrauen?

In früheren Zeiten hatte das Geld einen fixen Wert. So konnte jede Währung gegen eine bestimmte Menge an Gold getauscht werden - zu festen Wechselkursen: der sogenannte "Gold-Standard". Aber der Goldstandard wurde aus politischen Motiven aufgegeben. Genauso wird heute das Verhältnis von Geld gegenüber den "realen Werten" innerhalb eines Landes (Sozialprodukt) zugunsten von „Rettungs"- Aktionen und Spekulation aufgegeben.

Was ist dann noch der „Wert" des Geldes? Lassen Sie uns den Geld Ansatz mit Astronomie-Aspekten analysieren.

Welche Rolle spielt „Geld" bei $E = m * c^2$ oder

W = M * V²?

a) W (Reichtum) - entsprechend E (Energie)

Wenn Sie Kaninchen oder Eier auf einem Feuer braten, kann man sie essen. Wenn Sie Gold braten bleibt zumindest sein Wert erhalten, um etwas zum Essen zu kaufen. Ein gerösteter Geldschein ist nicht wirklich geschmackvoll noch nahrhaft – und verliert beim Rösten sein Wert. Und geröstetes virtuelles Geld kann man weder anfassen noch schmecken noch essen.

Spekulationen gegen das £ führten zu einer Abwertung von 30% im Jahr 1992 – und zum „Aus" für Englands Beitritt zum €-Verbund. Die britische Realwirtschaft ist jedoch nicht um 30% geschrumpft. Die britische Wirtschaft behielt ihren Wert. Trotz Währungsabwertung gab es keine Krise.

Als die Schweiz den SFR von der fixen Korrelation zu dem € abkoppelte, stieg ihre Währung um 20% obwohl die Schulden der Schweizer Notenbank auf das höchste Niveau aller Zeiten gestiegen waren. Ihre Wirtschaft hat – bis jetzt - auch nicht wirklich unter diesem Schritt gelitten.

Fast alle Regierungen haben in den letzten 15

Jahren ihre „Geld"-Menge um das 10-fache erhöht, d.h., 1.000% seit der "New Economy" -Blase
im Jahr 2000 bzw. spätestens seit den Immobi-
lien- und Bad- Bank-Blasen der Banken und Län-
der-/Staats- Banken: seit 2008. Aber das Wachstum des BIP (Bruttoinlandsprodukt) haben sie damit nicht wirklich ankurbeln können - nur die Akti-
enkurse erhöhten sich um "nur" 300% (mit großen
Höhen und Tiefen). Das bedeutet, dass:

1) bis zu 700% der 1.000% Geld-Schöpfung

a) landete in Bad Banks (sehr gut von jeder
Regierung und/oder Bank versteckt) oder b)
wurde dringend für Bank-Cash-Flow erforderlich, da keine Bank einer anderen Bank mehr
Geld geliehen hat oder c) wurde nur gedruckt,
um die eigene Währung zu entwerten, um die
"eigene" Industrie zu fördern, indem Exporte
erleichtert und Importe erschwert werden, weil
Kurse schwächer wurden. Auch bedeuten
obige Zahlen, dass

2) mit nur 0,5% Wachstum p.a., auch die
restlichen 300% nur für Spekulation verwendet
wurden – sie haben nichts mit einem realen
Wachstum für mehr Wohlfahrt zu tun - und

3) es gab eine enorme Verlagerung des

Reichtums zu den reichsten Ländern, Unternehmen und Personen - und alle mittleren und unteren Sektoren verloren Wohlfahrt;

4) 300% Spekulation führte nicht zu realen Vermögenszuwachs - nur zu Umverteilungen ;

5) Aufgrund der großen Schulden (resultierend aus Fehlspekulationen von Staat und Banken) mussten (!) alle Zentralbanken niedrige Zinsen verordnen, da sonst Staaten/Banken ihre Annuitäten nicht hätten bedienen können.

6) Da kein Investor bereit war, für so niedrige Zinsen Geld zu investieren, haben die Staaten hohe Kursabschläge auf ihre Schulden-Papiere hinnehmen müssen, was wieder Probleme bei der Refinanzierung der Kreditsummen brachte.

7) Da Kursabschläge bei Refinanzierungen nicht in den großen Dimensionen mittelfristig finanzierbar gewesen wären, musste man von dem Verkauf dieser Papiere am offenen Markt abkehren – und hat die Zentralbanken und EZB „gewonnen", Papiere zu kaufen, in der Dimension: „was auch immer nötig sein sollte" …

8) Die Zins-Reduktion führte dazu, dass auch Versicherungen „gestützt" werden mussten - und reduzierte zusätzliche das Vermögens der privaten Sparer – wie auch die Negativ-Zinsen- Einführungen auf Spargeld.

9) Weil so viel Geld durch Fehlspekulation zerstört und für Zinszahlungen an Bad-Banks- Projekte erforderlich wurde, landeten von den 1.000% des Frisch-Geldes nichts in der Realwirtschaft noch bei Privatpersonen, was insbesondere bei dem (politisch weniger „mächtigen "Mittelstand) zu großen Cash-Flow-Problemen führte.

10) Zumindest kam es durch den akuten Cash-Flow-Mangel zu keiner Inflation (für Waren und Dienstleistungen), welche noch mehr im Privat-Bereich zerstört hätte.

11) Da es jedoch nicht zu einer Inflation kommt, reduzieren sich die Staats-Schulden nicht „automatisch" via Inflation, was zu Problemen bei Re-Finanzierungen führen kann.

12) Da Gesamt-Verschuldung, Re-Finanzierung und Neu-/Zusatz-Verschuldung seit der Nachfrage-Politik von J.M. Keynes stetig zugenommen haben, werden Staaten und Zentralbanken ab irgendeinem Level nicht mehr glaubwürdig sein – und es müssten Staats- Konkurse oder/und Währungs-Reformen kommen – wenn nicht bessere Lösungen (als die Wiederholungen der Vergangenheit) erfunden werden. Mit diesem Buch wollen wir zu einer der potentiellen Alternativen - zu einer dieser besseren Lösungen - beitragen, welche nicht zu einer Krise und Verarmung der Bevölkerung führen.

All das oben skizzierte signalisiert erneut, dass 1) die Wirtschaft sich stets mit dem arrangieren kann, was da ist – und 2) die Währungs- und Geldpolitik-Interventionen der Staaten nicht wirklich zur Wohlfahrt der Nationen führen, sondern eher zum Reichtum von 1% - aber 3) dass selbst das 1% in erster Linie „virtuelles" Geld hat, was weder angefasst, noch gebraten, noch gegessen werden kann.

Unser aktuelles „Geld" trägt nicht wirklich zur Wohlfahrt bei. Es beschleunigt und steigert nur Transaktionen innerhalb selbstgemachter Blasen.

Um diesen Teufelskreis von endloser Geld-Erzeugung zu stoppen, wird eine drastische Relativierung der Ist-Werte benötigt. Siehe Kapitel "F".

Aus (virtuellem) Geld kann keine Energie/Wohlfahrt erzeugt werden.

b) "=" (Regeln)

Da das "W" (auf der linken Seite der Gleichung $W = M * V^2$) mit einer Währungs-Aufblähung überbewertet wird, müssen die Aspekte der rechten Seite der Gleichung in der gleichen Weise aufgewertet werden (de Facto droht jedoch M wegen Krisen zu sinken). Eine reine Neubewertung ist zudem kein reales Wachstum der Wohlfahrt. Es sind nur Zahlen, wie wir zeigen werden. Und eine derartige Aufwertung (für E) gibt es in unserer astronomischen Basis für unser Modell ($E = m * c^2$) nicht.

Im Universum gibt es nichts, was unsere Art von „Geld“ repräsentiert.

Wenn es wenigsten nur eine Währung für die ganze Welt geben würde, würde zumindest das Problem der irreführenden Bewertungen zwischen den einzelnen Währungen nicht mehr existieren.

Und Wettbewerb um die besten Produkte und Dienstleistungen, würde die Wohlfahrt der Nationen erhöhen. Automatisch. Weit gerechter. Und politische Währungskriege gäbe es auch nicht mehr.

c) "m" oder "M"

Im "M" -Sektor hat Geld die Rolle des Austausch-Mediums übernommen - aber wird kontinuierlich und zunehmend von Politik, Banken und Spekulations- Sektoren missbraucht und entwertet.

Dennoch, was auch immer aus diesen irreführenden Tendenzen kommen wird, die Wirtschaft kann jede Währung(s-Änderung) managen – wie auch immer sie bewertet werden wird, wie zuvor gezeigt.

Das ist eine sehr gute Nachricht.

Die Wirtschaft versucht immer, ein stabiles Wachstum zu erreichen - egal, was um sie geschieht.

Daher scheint Wirtschaft „automatisch" das nachzuahmen, was das Universum suggeriert: Autonomie - so weit wie möglich, einen unabhängigen, eigenen Weg gehen, wie die Planeten um ihre Sterne. Und wenn Staaten zu viel regulieren, müssen Firmen anderweitig flexibilisieren: z.B. bei der Arbeit. Daher vollzieht sich selbiges auch immer mehr bei Arbeitnehmern: Bei immer kürzeren Verträgen, ist man quasi (Schein-)Selbständig, auf sich gestellt, autonom.

Der zentrale Unterschied des Universums ist, dass es dort keine irreführenden Interventionen eines Staates gibt. So wächst das Universum schneller und weitaus stabiler als die Wirtschaft, die sich immer wieder wehren – und anpassen muss.

Da es im Universum 1) keinen Staat gibt, der alles zentralisiert und 2) es eine riesige – und daher nicht beeinflussbare Menge an Galaxien gibt und sie 3) sehr weit verteilt sind sowie 4) ihre eigenen Wege gehen: werden jeweils irreführende Trends oder Kollisionen sehr regional begrenzt sein, ohne große Auswirkungen auf den Rest des Universums.

Im Gegensatz hierzu, können Interventionen der relativ "mächtigen" – und relativ wenig Staaten auf unserer Erde sehr wohl Wohlstand und Konstellationen der normalen "Umlaufbahnen" der Menschheit zerstören.

Der Beitrag von Geld in Richtung Wohlfahrt in der

heutigen Zeit ist, wie unter "a)" gezeigt, kein wirklicher Beitrag mehr - sondern eher störend oder hat gar zerstörende Wirkung. Dies ist der Grund, warum in dem vorherigen Buch (Astron-Economic Solutuions) der Abschnitts-Titel dieses Sektors "Wechselmedien" lautete - und „Geld" wurde nur als die aktuelle (Not-)Lösung präsentiert.

Deshalb sollte "Geld" unserer Meinung nach durch etwas Anderes ersetzt werden – mehr hierzu wird später präsentiert.

d) "c²" oder "V²", Geschwindigkeit

Je größer die Nachfrage, desto schneller wird die Umlaufgeschwindigkeit des Geldes, desto mehr Kredite werden vergeben, desto heißer das Wachstum der Wirtschaft, desto mehr Geld wird benötigt und müsste gedruckt werden. Und, um Inflation zu vermeiden, muss der Staat deshalb die Zinsen erhöhen. Das ist die Theorie. Die Realität sieht anders aus:

Es gibt sehr, sehr(!) viel frisches Geld, obwohl es keine „realwirtschaftliche" erhöhte Nachfrage gibt. Die Umlaufgeschwindigkeit des Geldes ist auf sehr niedrigem Niveau. Die Wirtschaft ist abgekühlt. Die Haupt-Wärme wird im Spekulations-

Sektor erzeugt. Und da die Staaten selbst betroffen sind, werden die Zinsen nicht erhöht, weil es ihnen selbst schaden würde - und nicht mehr nur die "Anderen" benachteiligt würden: die Wirtschaft und der private Sektor, wie in der Vergangenheit üblich.

Das Problem: immer mehr Geld wird benötigt für Verluste und Annuitäten von Fehlspekulationen der Vergangenheit. Die Inflation erfolgt nicht auf den Märkten der Realwirtschaft, sondern nur auf der Spekulationsblasen-Seite. Und da die Inflation nicht mit höheren Zinsen gestoppt wurde - weil die Staaten sonst nicht ihre eigenen Fehler der Vergangenheit hätten weiter finanzieren können – wird jetzt die "Inflation" über eine Abwertung der Staatspapiere kommen, was letzten Endes die gleiche technische Prozedur ist. Aber das offensichtliche, wirkliche Problem ist größer.

Für einen 100% "Wert" eines Staats-Papiers wird der "Markt" nur bereit sein, immer weniger zu bezahlen. Statt 100% werden immer mehr Papiere mit einem Disagio versehen werden – d.h. nur noch 90%, 80%, 70% ... werden bezahlt, je nach dem jeweiligen Risiko. Hiermit wird das Risiko einer möglichen Abwertung der Papiere kompensiert, welche resultiert, wenn Staaten nicht mehr in der Lage sind, alle anstehenden Schulden, bzw. nicht zum erforderlichen Zeitpunkt, zu begleichen.

Wenn bei der Platzierung neuer Staatspapiere nur 70% des „Papier-Wertes" erzielt werden, müssen jetzt 30% mehr Schuld-Papiere emittiert werden, um die Risiko-Abwertung zu kompensieren. D.h.: 130%, um eine 100% (Alt-)Schuld zu ersetzen. Neue erforderliche Schulden nicht berücksichtigt.

Ein Teufelskreis der im Fiasko endet. Und wenn die "Märkte" nicht mehr bereit sind, einige dieser Papiere zu kaufen – oder/und die Staaten die hohen Abschläge nicht mehr finanzieren können/wollen, dann „muss" eben die Europäische Zentralbank alles kaufen, „koste es was es wolle". Letztere kann ja schließlich das benötigte "Geld" auch ohne Sicherheiten „drucken". Und wenn – nicht einmal mehr die Top-Firmen (!) - Unternehmen auch kein Geld mehr von ihren Banken bekommen, weil „das Bankensystem der Eurozone überdimensioniert, unterkapitalisiert und de facto insolvent ist" (Wirtschaftswoche und Welt, 07-2014), dann „muss" eben die EZB auch dessen Kapital-Bedarf mit zusätzlich „gedrucktem" Geld decken.

Und dieses ist kaum noch aufzuhalten, da kein zentral regulierender "Staat" oder "Institution" diese "Inflation" regulieren kann — noch will -, weil alle „Instanzen" in dieser Katastrophe direkt involviert sind. Und alle „Spieler" sind in der Lage, Geld zu produzieren. In 160 verschiedenen Währungs-Arten und noch mehr -Weisen. Und in endlos unterschiedlichen Spekulations-Modellen. Ein selbstgemachter Teufelskreis in einer nie da gewesen- Dimension. Wertloses Geld und Staats-Papiere, da die Schulden-Blasen kaum zurückgezahlt werden können - und die Papiere der Spekulations-Blasen ab einem Zeitpunkt auch nicht mehr gekauft werden und dessen Werte im Nichts enden. Wenn nichts wirklich Zentrales geändert wird.

Das Hauptproblem sind hier nicht staatliche Papiere, da die Staaten mit ihren Steuermöglichkeiten hinter diesen Papieren stehen - und möglicherweise innerhalb langer Zeit, in der Lage sein könnten, die Schulden zurück zu zahlen. Die Hauptprobleme ergeben sich aus Spekulations-Modellen: wo „reales" Geld gegen 5.000% spekulatives Kapitals „kämpfen" muss - oder schlimmer. Hinter diesen Wetten steht kein wirklicher Gegen-Wert. Und Staaten und Institutionen sind oft sogar Gewährleistende oder sogar selbst beteiligt. Und sie entstehen nicht sukzessive, innerhalb von 10 oder 20 Jahren, sondern innerhalb von Tagen oder gar Sekunden - ohne der Möglichkeit, in dieser kurzen Zeit, die Regeln des Spiels zu ändern.

Das Problem ist, dass das Spekulation-Kapital bis zu 50 Mal größer ist, als der „Wert" der Realwirtschaft.

Und durch den Aspekt, in viel kürzerer Zeit viel mehr Wert erzielen zu können, sprangen die Banken und Staaten auf diese Modelle, um hierüber ev. die Chance zu erhalten, ihre Schulden zurück zu zahlen - oder einfach nur um Geld zu verdienen.

Die Real-Wirtschaft bekommt - durch die Investition allen Geldes in die Spekulation – kaum noch Geld/Cash-Flow. Sie kann nicht so hohe Summen an theoretischen Umsätzen und Gewinnen versprechen oder erzielen, wie sie Spekulation suggeriert.

Daraus resultiert ein automatisches, mathematisches „Problem" bei der von Astronomie abgeleiteten Formel: Die „Real"-Materie wird implodieren, da sie (in unseren derzeitigen geldgetriebenen Wirtschaftsmodellen) keine „Energie" (no „power" to do work) mehr zum „Laufen" hat.

Und wenn zu viele der Sektoren innerhalb des "M" negativ oder Null werden, kann die ganze Gleichung negativ werden.

(Eine Anpassung wäre eine neue Währung –
dazu jedoch spätere Erläuterungen)

Und wenn die Geschwindigkeit des Wachstums
von zu vielen Sektoren der Realwirtschaft negativ
wird, kann die "V²" insgesamt kleiner (eine negative Tendenz aufweisen) werden - und spätestens
zu diesem Zeitpunkt, wird Reichtum "W" zerstört
werden - und auch eine Menge spekulativen Kapitals.

Die „gesunde" Geschwindigkeit der Geld- "Zerstö-
rung" (heißt: Inflation) – wird in der Real-Wirtschaft bei 2% „angesetzt", um eine "anregende"
Wachstums-Wirkung zu erzielen. Weniger könnte
in die Rezession führen, mehr könnte zu unerwünschter Inflation führen.

Eine „krankhafte" Geschwindigkeit der Geld-
Vernichtung (heißt: Hyper-Inflation). Insbesondere im spekulativen Bereich scheint sie bei ca.
100% (100% pro Jahr führten zu 1.000% zusätzlicher tatsächlicher Geldmenge im Vergleich zu
2001) gefährlich geworden zu sein.

Und wenn jetzt die "Sicherheits-Disagios" steigen, können die 100% "Papier-Werte" der alten,

zur Rückzahlung vorgelegten Papiere, möglicherweise nur noch mit 130% neuer Papier-Emissionen ersetzt oder bezahlt werden.

Aber dann ist der "gefährliche" Bereich (des spekulativen Sektors) von "Hyper-Inflation und Abwertung" übertroffen - und eine Krise kann entstehen, da es keine Institution gibt, die Misstrauen verhindern kann.

Die Geschwindigkeit der benötigten "Herstellung" von neuen Geld kombiniert mit den entsprechenden beanspruchten Sicherheits-Disagios werden zur nächsten großen Krise führen, wenn nichts Intelligentes gemacht wird.

Das Problem des zu viel „produzierten" Geldes, ungedeckter Schuldtitel und Währungs-Abwertungen ist bereits einmal passiert: 1929, mit sehr schlechten Ergebnissen bei der Lösung der Probleme. Traurig ist, dass heutige Politiker nicht in der Lage zu sein scheinen, dazu zu lernen.

Und leider gilt es im Jahr 2015 einige zusätzliche Probleme im Vergleich zu 1929 zu lösen:

> a) Seit 1970 und speziell seit dem in den "New-Economy-" und "Housing- und Bank- "Krisen viele Blasen explodierten, haben viele Staaten und Zentralbanken ihre Schulden dramatisch erhöht: im Durchschnitt auf (offiziell) bis zu 300% des

BSP (BruttoSozialProdukts), in allen Industriestaaten.

b) Wenn die Staaten und Banken beginnen würden, wieder einander zu vertrauen, würde ein Teil der noch nicht für Spekulation verwendeten Gelder in die Realwirtschaft verlagert werden können. Dieser "kleine" Teil des Geldes wird dennoch eine große Geldmenge, da die Menge des spekulativen Geldes 30 bis 50 Mal größer ist, als für die Realwirtschaft erforderlich. Dies könnte zu viel Geld werden – und zu einer großen Inflation – und zu Waren- oder Rohstoff- Spekulation -führen.

c) Die Inflation muss über 1.) höhere Zinsen oder 2.) Kapitalrestriktionen gestoppt werden. Hohe Zinsen können aber nicht von den verschuldeten Staaten noch Banken gezahlt werden - und natürlich auch nicht von der schwächelnden Realwirtschaft. Und Kapitalbeschränkungen führen zu einer geringeren Geldzirkulation und unerwünschter Blockierung des Wirtschaftswachstums.

d) Die auferlegten niedrigen Zinsen (damit die Staaten in der Lage sind, ihre Schulden zu bedienen) führen – in anderen Sektoren zu Problemen: 1.) Versicherungsunternehmen, die mit höheren durchschnittlichen Zinsen gerechnet haben, bekommen Probleme, wenn Versicherungsverträge mit garantierten hohen Zinsen auslaufen und ausbezahlt werden müssen. Daher mussten nun auch Versicherungsunternehmen Staatshilfe bekommen. 2.) Die Banken sind nicht bereit, Kredite zu geben, wenn das Risiko nicht über höheren Zinsen gesichert werden kann – und Zinsen nicht so hoch sind, wie suggerierte Gewinne aus Spekulationen.

e) Die Cash-Flow-Probleme aus den oben genannten Konstellationen veranlassten große Unternehmen, ihre Zahlungskonditionen auf der Einkaufsseite auf drei Monate später zu verschieben – und auf ihrer Verkaufsseite Forderungen um drei Monate vor zu ziehen – und Vorauskasse zu verlangen. Zum Nachteil ihrer - in erster Linie - kleineren Partner. Und: wenn jetzt in erster Linie die kleinen (auf den ersten Blick: politisch nicht signifikanten) Unternehmen insolvent werden, dann steigt die Arbeitslosigkeit dramatisch an, da kleine Firmen ca. 80% der Bevölkerung beschäftigen.

f)	Der Konsum - als möglicher Wachstums- Stimu-
lator – steigt derzeit nicht. Denn die Verbraucher
sind die Hauptverlierer der aktuellen Tendenzen:
1.) Sie bekommen keine Zinsen für ihre Erspar-
nisse bezahlt. 2.) Die Überschuss- Beteiligungen
bei auslaufenden Versicherungs-Verträgen wurden in Verbindung mit dem Staats-„Rettungen"
dieser Unternehmen beseitigt. 3.) Wohlfahrt
schwindet, da viel Geld durch falsche Beratun-
gen und Fehlspekulationen verloren gegangen
ist. 4.) Jobs verschwinden, da die Unternehmen
Geld sparen müssen. 5.) Zukunftsplanung wird
erschwert, mit nur noch kurzfristigen Verträgen.

g)	Bisher konnten größere Sicherheits-Disagios
für Staats-/Bank- und Firmen-Papiere ver-
mieden werden, da Zentral-Banken Garan-
tien gaben oder die Papiere unter „üblichen"
Bedingungen kauften. Aber: Je höher die Verschuldung desto höher die Risiken.

h)	Die Rechtsunsicherheit über 1.) Bad-Banks
und 2.) All-Papier-Kauf der Zentral-Banken
kann das generelle Misstrauen erhöhen.

(Virtuelles) Geld hat viel Vertrauen verloren. Die
Wert-Erhaltungs- und Tausch-Garantie-Funktio-
nen des Geldes sind beschädigt. Und mit ihnen
die Funktionalität des Geldkreislaufs als solchen.

Es ist Zeit, über die aktuellen theoretischen Makro- Ökonomie-Modelle zu reflektieren, bevor neue alternative Lösungen angegangen werden:

E. <u>Geld in den wichtigsten Wirtschaftstheorien</u>

Neue Ideen, Theorien und Modelle haben es immer schwer, akzeptiert und umgesetzt zu werden. In allen Bereichen - selbst in der "technischen" Astronomie. Als Einstein seine Ideen präsentierte, gründeten viele Physiker sogar einen Verein namens "100 deutsche Physiker gegen Einstein". Einsteins Reaktion: "Wenn sie Recht hätten, hätte doch ein Physiker genügt."

In dem Buch "Astron-Economy-Solutions" haben wir „Geld" noch als einen Kreislauf parallel zu dem Kreislauf von Waren und Dienstleistungen dargestellt - aber nannte es „Austauschmedium". Eine der neuen zentralen Fragen ist: Wird Geld wirklich in einem Volkswirtschafts-Kreislauf benötigt?

Die Menschheit hat schon immer Handel betrieben. Es hat immer Anbietern von Waren und Dienstleistungen in vielen Sektoren gegeben, die ihre Waren und Dienstleistungen für die Waren und Dienstleistungen eines anderen Lieferanten austauschten.

Die Austauschprozesse in früheren Zeiten waren ein wenig komplizierter. Manchmal musste eine Ziege gegen 4 Gänse auf einem Markt-Stand getauscht werden, bevor man in der Lage war, zwei der Gänse gegen ein anderweitig angebotenes Messer eintauschen konnte. Die restlichen 2 Gänse konnte nun gegen wiederum andere Dinge getauscht werden.

In diesen sehr alten Zeiten, machte Geld keinen Sinn. Keiner hätte „Papier" getraut. Und die Menschen hatten Zeit für das Tauschen. Und die Vielfalt der Dinge, die sie brauchten, war klein. Und alle benötigten Güter konnten auch auf nur einem Markt ausgetauscht werden.

Als sich die Welt erweiterte, erhöhte sich das Waren-Angebot, die Zeit wurde knapper – und es wurden viele verschiedene Umtausch-Medien erfunden: Muscheln, Perlen, Silber, Gold, Kupfer, Münzen mit aufgedrucktem Wert (höher als der Metallwert) und Papiergeld nach dem gleichen Prinzip: Geld war geboren.

Aber, obwohl Austausch-Medien und Geld seit langem präsent waren, kam die erste Theorie, welche Geld in einen Wirtschafts-Austausch-Kreislauf integrierte erst Mitte des 18. Jahrhunderts.

1. Die Physiokraten - Francois Quesnay

Francois Quesnay veröffentlichte im Jahre 1758 das erste Buch mit einem Modell des Geldes parallel zu den zirkulierenden Waren und Dienstleistungen. Als Arzt, verglich er die Dinge mit Parallelitäten der Blutkreisläufe.

2. Die Klassiker - Adam Smith, Th. Malthus, J. B. Say, D. Ricardo, J. St. Mill ...

In der Dekade von 1770 wurde das erste große klassische Modell von Adam Smith veröffentlicht: "An Inquiry to the Nature and Causes of the Wealth of Nations." Darin: die "unsichtbare Hand" des Preismechanismus.

3. Die Neoklassik - W. Jevons, C. Menger, L. Walras, A. Marshall

In den 1930er Jahren, entdeckte man die Macht der Einzelpersonen in der Wirtschaft und entwickelte die mikroökonomischen Aspekte wie Grenz-Kosten und - Nutzen, welche Entscheidungen beeinflussen können. Preise wurden nicht mehr auf Kosten-Basis kalkuliert, sondern der jeweiligen Zahlungsbereitschaft angepasst.

4. Der Keynesianismus - J. M. Keynes

1936 veröffentlichte Keynes sein Buch "General Theory of Employment, Interest and Money". Er entfernte sich aus der Mikro-Wirtschaft in Richtung Makro-Ökonomie. Seine Einführung der staatlichen Nachfrage-Politik zur Verringerung der Arbeitslosigkeit war zwar nur einmal erfolgreich, sie war jedoch der Anfang der endlosen Verschuldung aller Staaten.

5. Die Monetaristen - M. Friedman

Eine Gegen-Theorie zu Keynes startete in den 60er Jahren und gewann in den 70er Jahren an Bedeutung. Sie fokussierte sich auf Angebots- statt Nachfrage-Politik sowie Geld-Regulierung als Hauptinstrument für die Stabilität der Wirtschaft.

Es gibt mehr Theorien - aber alle vertrauen auf Geld

Zeit ist Geld? – OK: Geld, sei Zeit! …

6. AstronTimeOnomy - Albert Bright

Alle "alten" Theorien könnte abgeschafft werden

oder zumindest kann Geld durch Zeit-Dimensionen ersetzt werden - und auch weit weniger politischer Einfluss sollte möglich und kann förderlich sein, wenn AstronZeitOnomie eingeführt wird.

Im Vergleich zu allen alten Theorien, ist Astron-Zeit-Onomie die erste Wirtschafts-Theorie, die nicht mehr auf Geld-Kreisläufe baut, sondern vor allem auf Zeit-Einheiten-Kreisläufen beruht.

Geld kann durch Zeit-Einheiten ersetzt werden Die Zeit hat zudem die gleiche Dimension in den einzelnen Ländern: 24 Stunden, 365 Tage, Lebensdauer, ...

Und Zeit-Einheiten-Konten können heutzutage leicht von u.v.a. Banken oder Kreditkartenunternehmen eingeführt werden: "Zeit" braucht nur als eine neue "Fremd-Währung" denominiert zu werden.

Geld ist in der jüngeren Vergangenheit stark missbraucht worden - und im Moment ist es schwierig, einen Ausweg aus dem Teufelskreis zu finden, ohne eine Krise zu verursachen. Der angedachte neue Ansatz soll zudem nicht Geld-Aspekte zerstören, sondern sie nur relativieren - und eine neue Parallelwelt aufbauen – mit Zeit-Einheiten-(Konten) als neue Verrechnungsbasis.

F. DAS WIRTSCHAFTSMODELL ASTRON-ZEIT-ONOMIE (ASTRON-TIME-ONOMY)

F.1. Berücksichtigung astronomischer Aspekte

Durch den Zusatz von "Astron" möchten wir betonen, dass es nicht darum geht, dass Zeit-Einheiten andere Dimensionen wie Geld in den aktuell gültigen Modellen „lediglich" ersetzt. Es müssen vielmehr auch andere astronomisch Regeln befolgt werden, um den Erfolg der neuen Ansätze zu maximieren. Die wichtigsten der Astron-Dimensionen sind „umgedeutet": Freiheit und Autonomie. Autonomie wurde von Albert Einstein entdeckt: Jeder Planet optimiert seinen eigenen Weg – und nicht ein Stern im jeweiligen Zentrum eines Sonnensystems, wie noch Isaac Newton vertrat. Freiheit wird im Universum durch (scheinbar) endlosen Raum dargestellt.

Dieser "Raum" ist als Raum-Dimension auf Erden nicht möglich – aber auch nicht erforderlich. „Raum" kann auf der Erde durch die Freiheit des Denkens und Handelns ersetzt werden. Damit hätte jedes Individuum eine vergleichbare Freiheit zu jener der Planeten im All - ohne durch Staat, Religion, Einkommen, Hautfarbe, Alter … manipuliert noch eingeschränkt zu werden - nur auf zen-

trale Regeln der Menschenrechte und des Zu-
sammenlebens achten müssend.

Für das Funktionieren des Universums ist auch
nur eine (1) Formel nötig: vom Atom bis zum
"Rand" des Universums gilt die Allgemeine Relativitätstheorie von Albert Einstein. KIS - Keep It
Simple - ist im Universum gültig und sollte auch
auf unserer Erde gelten.

Im Prinzip bleibt das Modell das gleiche wie in
dem Buch "Astron-Economic Solutions" beschrieben. Der Haupt-Aspekt, welcher sich ändert, ist:
Geld. Geld wird nicht mehr benötigt. Geld ist eine
Dimension, die im Universum nicht existiert.

Es gibt zwei Astronomie Formeln, welche im
neuen Wirtschaft-Modell Astron-Zeit-Onomie angewendet werden. Um alles verständlicher als mit
der (selbst unter Experten gemiedene, da sehr
komplexe) Allgemeine Relativitätstheorie von Einstein zu erklären, nutzen wir: 1.) Die "Spezielle"
Relativitätstheorie von Albert Einstein und 2.) die
Gravitations-Theorie von Isaac Newton (statt
Einsteins Gravitation aus der Allgemeinen Relativitätstheorie … Selbst Steven Hawking rech-
net lieber mit Newton – und auch heute noch wird
auf Mond und Mars mit Newton gerechnet und gelandet …)

Die Spezielle Relativitätstheorieformel, $E = m * c^2$,

E =   Energie
m =   Materie
c^2 =   Quadrat-Lichtgeschwindigkeit

wurde auf die wirtschaftlichen Dimensionen übertragen, was zu der neuen Wohlfahrts-Formel führt:

$$W = M * V^2$$

wobei

W: Wohlfahrt
=:   Regeln
M: Dinge die von Menschen getan und produziert werden - inclusive Aspekte - wie Rohstoffe usw.
V: Produktions-Geschwindigkeit /-Produktivität

*:   Zeigt, dass die Kombination aus Substanz UND Geschwindigkeit einen großen Einfluss auf das Vermögen haben

^{2}:   Zeigt, dass die Geschwindigkeit eine viel stärkere Wirkung auf Wohlfahrt hat, als die Art von Material/Produkten die erzeugt werden.

Nein, es gibt im Universum kein Symbol für die Dimension des Geldes, welches die Menschheit in ihren aktuellen Modellen anwendet.

Und ja, die Dimension „Zeit" ist in dieser Formel integriert: in „c" versteckt, welches die Lichtgeschwindigkeit von 300.000 km pro Sekunde darstellt.

Die „Materie", M, steht für alle "Aspekte" und "Austausch-Kreisläufe", welche für die Warenproduktion - und die Ware selbst erforderlich sind

Unternehmer   Mitarbeiter

Angebot

"Waren"
Investition   Erstellung &   Arbeit
                   Vergütung

Nachfrage

Staat   Privat

In den vergangenen Jahrzehnten hat sich der Einfluss der Staats-Kreisläufe dramatisch erhöht und

für ein Ungleichgewicht   gesorgt,   welches
in gefährlicher Weise zur „Gegen-Formel" tendiert:

Auf der anderen "Seite" der Reichtums-Formel
gibt es die Gravitations- und Fluktuations-For-
meln ...

$G = y * (m1 * m2) / r^2$

G: Gravitation
Y: Gravitationskostante
m: Materie
r: Abstand der beiden Materien (Sterne/Planeten)

 ... und die Zentrifugalkraft definiert als

$Z = m * w^2 * r$

m: Materie (Planet/Stern)
w: Geschwindigkeit der Winkel
r: Hebel-Arm

... und zusätzlich gilt, dass

$G + Z = K$

Beide Werte, G und Z addiert, sind immer konstant bezüglich der jeweils betrachteten m1
und m2.

Diese Astronomie-Ergebnisse von Newton übertragen auf ein neues Wirtschaft Modell führen zu
folgenden Neu-Definitionen:

G: C = Zentralisierung Macht

y: i = In-Aktivität-Konstante

m: b = Leitungs-Instanzen

r: d = Abstand der "Instanzen"

C = i (b1 * b2) / d²

**Und auch im Wirtschafts-Pendant gibt es
eine Zentrifugalkraft:**

Z: F = Flieh-Kraft

m: b = Leitungs-Gremien

w: a = Aktivitäts-Geschwindigkeit

r: s = Entfernungs-/Distanz-„Wunsch"

**Absolute Zentralisierung, 1 Punkt, kein Raum,
keine Geschwindigkeit, nichts: (s = 0): F = 0,
da**

F = b * a² * s

Auch in der Wirtschaft, ist die Summe beider Kräfte, C und F addiert, immer konstant bei den jeweils beobachteten Instanzen

C + F = K

Es handelt sich um eine Menge von Buchstaben. Diese werden aber in den nun folgenden Texten vorstellbar werden.

Ursprünglich, wollte ich in meinem Buch "Astron-Economic Solutions" nur ein neues Modell auf der Basis der "Speziellen" Relativitätstheorie von Einstein für eine bessere Wohlfahrt der Nationen präsentieren. Aber die Realität betrachtend, konnte die Gravitation-Formeln von Newton auch auf die Wirtschaft angewendet werden - und beklagenswerterweise, werden diese von vielen Staaten umgesetzt und befolgt.

Zusätzlich fand ich in meinem ersten Buch heraus, dass beide (!), Einsteins und Newtons Formeln zu der gleichen Menge an Energie E führen – Newton dann, wenn dessen Formeln auf die gedanklichen Dimensionen von Einstein extrapoliert werden, in welchen zur Zeit von Newton nicht zu denken gewagt wurde.

Wenn dem so sein sollte, dann erschaffen auch die zentralisierenden Staaten Wohlstand. In der Tat, sie tun es - vordergründig. Aber jetzt kommt die Extrapolation. Beide Formeln an ihren Extremen führen zum gleichen Energie.

Aber die „Wohlfahrt" aus diesen Energieerzeugungs- Prozessen ist nicht die gleiche. Wohlstand entsteht durch die Dinge, die mit der Materie generiert werden:

Mit der Formel von Einstein wird Materie in die Nähe der Quadrat-Lichtgeschwindigkeit beschleunigt. Sie wird aber dieses Niveau nicht endgültig erreichen - weil mehr Energie benötigt wird, um in den Bereich von c^2 zukommen, als die Energie, welche als Ergebnis aus der Gleichung erzeugt werden würde, "E".

Und da gemäß allgemein anerkannter Definition die Energiemenge konstant ist, ist der absolute E-Zustand der Materie nicht erreichbar - zumindest nicht mit dem aktuellen Know-how-Status.

Aber in der Nähe der LichtQuadratgeschwindigkeit wird Materie extrem heiß sein. Und Wärme führt zu Expansion. Materie und Wohlfahrt wird endlos sein.

Mit den Formeln von Newton, wenn die Schwerkraft endlos wird (extrapoliert mit den Dimensionen von Einstein), wird die Energie aus der Materie herausgequetscht werden - und Materie in einer Mega-Nova kollabieren. Und es wird überhaupt keine Materie mehr geben, nur noch einen Punkt, und ein Punkt Nichts. Somit wird Wohlfahrt zerstört werden. Kein Raum, wie bei Einstein (aufgrund der Geschwindigkeit und Expansion der Materie durch die Wärme wegen der Quadrat-Licht-Geschwindigkeit) wird generiert.

Bezüglich der Kreisläufe gelten zwei Aspekte:

Je besser die Zirkulation innerhalb und zwischen allen beteiligten Aspekten (Unternehmer, Mitarbeiter, Staat, Privat, - Investitionen, Arbeit, Angebot, Nachfrage, ...) der oben dargestellten Übersicht, desto größer und reicher kann ein Land oder ein Unternehmen werden.

Aber wenn eines der Teile des Modells zu groß wird, zu viel Gravitation entfaltet, zu viel an sich zieht, dann wird die Wohlfahrt der Nationen wegen der Entstehung des Ungleichgewichts der Kräfte, abnehmen oder gar verloren gehen.

In Bezug auf den Zeit-Aspekt gilt:

Innerhalb der Wohlfahrts-Formel ist die Dimension der Zeit im Quadrat dargestellt - somit ist sie das Wichtigste überhaupt.

Innerhalb der Gravitation-Formel gibt es keine Zeit- Dimension. Wenn nur noch extreme Zentralgewalt (Gravitation) wirkt, wird es keine Personen noch Unternehmen noch Institution mehr geben, welche versuchen zu „fliehen" (durch Zentrifugalkraft erzeugt – und welche wiederum in ihrer Geschwindigkeit eine Zeitdimension enthält) - und damit die absolute Implosion verhindern könnten, welche sich aus der großen Konzentration von Gravitation an nur einer Stelle ergeben hat.

Zu viel Gravitation oder Zentralisierung, welche versucht, zu viel Dimensionen zu regulieren, führt in der Regel dazu, dass das Systems kollabiert. Dieses gilt auch für die Zentralisierung oder/und extrem expandierender (Gravitation ansammelnder) Staaten und Politiker, wie die Geschichte immer wieder gezeigt hat. Und dieses gilt auch für die zu großen Unternehmen: von allen der vor 100 Jahren börsennotierten Unternehmen existieren heute nur noch weniger als 1%.

Wenn die benötigte (Umlauf-)Geschwindigkeit (Fluktuations-Geschwindigkeit) der verschiedenen beteiligten Aspekte, welche zur Kompensation der zunehmenden Gravitations-Dimension erforderlich wäre, nicht mehr möglich ist, dann wird das System zusammenbrechen.

Zeit (vor allem in Kombination mit Geschwindigkeit) hat einen enormen Einfluss auf das Funktionieren von Systemen. Daher muss Zeit und ihre Einflüsse zu einer der wichtigsten Variablen gehören, die zu berücksichtigen sind, wenn es um die Generierung von Wohlstand geht.

Und da die Zeit so wichtig ist und so eine brillante Dimension ist - und da Geld nicht als eine ähnliche Dimension im Universum erscheint, warum dann nicht Geld durch Zeit ersetzen? Oder zumindest als Parallel-„Währung" für ein paralleles System einführen?

"Zeit ist Geld" ist ein beliebter Spruch. Dieses kann (da es eine Gleichung ist) auch problemlos umgedreht werden: „Geld ist Zeit" – und um es zu verändern: "Geld, sei Zeit!". Unser „Astron-Zeit-Onomie"-Model arbeitet ohne Geld.

F.2. Implementierung der Zeit-Dimension

Die Zeit sollte als Parallelwährung "τ" bei den Banken eingeführt werden – als Konto für jede Person – und auch für alle Firmen und staatliche Konten.

F.3. Wert schaffen

Es gibt bereits viele Systeme, um Zeit zu zählen und managen. Aber diese Systeme nehmen nur die Praxis auf - und erzeugen keinen zusätzlichen Wert.

Um einen Wert zu generieren, welcher als „Energie" (= Kraft, um etwas zu „bewegen") verwendet werden kann, um

a) die Wohlfahrt zu erhöhen - und

b) die aktuellen u.a. Geld-Probleme zu relativieren ist die Idee:

jeder Person ein individuelles Zeitkonto mit einem großen Zeit-Mengen-Wert für den individuellen Gebrauch zu geben – welches nicht zugänglich für Banken noch Staat noch Gesellschaft, sein darf, um Spekulation, Fehl-Investitionen und Wohlfahrts-Verluste in den großen Dimensionen der Vergangenheit zu vermeiden. Fehler können so auf einzelne Personen und Entscheidungen reduziert werden.

Dieses überträgt jedem Menschen die Freiheit eines "Planeten" - seinen eigenen Weg zu gehen (wie Einstein entdeckte), ohne Beschränkungen in der Zeit, noch Geld, noch Institutions-Kredite, noch Religion, noch Bildung usw. Nur die jeweiligen zentralen Regeln der jeweiligen Stern-Raum-Konstellationen – sollten für die „Planeten", welche um dessen „Raum-„Loch" zirkulieren, gelten.

Die Regeln des Staates (Regeln der Sterne), sollten auf ein Minimum reduziert werden: das Maximum an Freiheit für seine Bewohner (Planeten) zu schaffen, so agieren (zirkulieren) zu können, wie sie es für richtig halten (mit der Freiheit, ihren eigenen Weg so zu optimieren, wie es Albert Einstein als Verhalten der Planeten entdeckt hat).

Jeder Planet geht seinen Weg, und mit seinem Stern immer ihre Bahnen erweiternd, und über diese Erweiterung auch das Universum erweiternd, immer schneller. Diese Raum-Expansion im Universum ist vergleichbar mit Wohlstand, welcher durch unseren „(Frei-)Raum" an Ideen auf der Erde generiert wird.

Sterne werden älter und irgendwann, ohne genügend Energie, werden sie implodieren. Vorhersagbar.

Unsere eigene Sonne, zum Beispiel, wird in etwa 5.000.000.000 Jahre implodieren. Aber bis zu diesem Zeitpunkt werden sie eine enorme Leistung in Punkto Weltraum-Expansion vollbracht haben – dank ihrer Initial-Energie.

Auch Menschen sterben. Die meisten von ihnen bekommen aber nicht die Initial-Energie – wie ihre Pendants im Weltall – um das an Wohlfahrt zu erzeugen, zu welchem sie in der Lage wären.

Warum nicht jeder Person ihre eigene Lebens(-Zeit)- "Energie" (Kraft, Arbeit zu verrichten) geben - im Voraus! Ab Geburt. Auf die gleiche Weise wie die Sterne ihre Anfangs-Energie bekamen (aus dem Big- Bang - oder später, aus z.B. Staubkonzentrationen). So könnte auch jede Person ihren eigenen Weg gehen – und dadurch (auch, weil viel motivierter) alle insgesamt viel mehr Wohlfahrt erzeugen.

Warum nicht eine enorme Welle an Wohlfahrt generieren, wenn jeder plötzlich macht, was er schon immer machen wollte, aber durch zu viele Hindernisse nicht konnte.

Die Politik kann sich entscheiden, ob es Einschränkungen bei der Verwendung eines bestimmten Maximums des Zeitkontos pro Jahr geben sollte, um die weniger gebildeten Menschen daran zu hindern, möglicherweise vieles zu verlieren.

Mit diesem Reichtum werden all die aktuellen Probleme zu fast Nichts relativiert, zu einem Mini-Punkt.

Denn die tatsächliche Verschuldung pro Person - wegen Spekulationen von Banken und Staaten - liegt bei £ 100.000 und damit bei 400% eines Durchschnitt- Einkommen von 25.000 £. Diese Verschuldung könnte auf z.B. 10% relativiert werden, wenn das gesamte Lebens-Zeit-Einkommen auf das Konto dieser Person gebucht werden würde. Wenn diese Person ein Alter von 25 Jahren hat, könnte sie noch 40 Jahre arbeiten. 40 * 25.000 = 1.000.000.

Selbst wenn Beschränkungen für die jährlichen Ausgaben eingeführt würden, um zu verhindern, alles auf einmal verlieren zu können, sollte dieser Anstoß immer noch zu einem "Big-Bang" führen - und die Überwindung aller Einschränkungs-Kräfte ermöglichen, welche derzeit noch diesen Big-Bang verhindern. Und es wird zu einem endlos wachsenden "Welt-Universum" kommen.

Eine „Investitions"-Beschränkung von 5% pro Jahr, innerhalb von 5 Jahren (um zum Beispiel zu studieren) führt zu 50.000 т pro Jahr, 250.000 für 5 Jahre bis Studiums-Ende. Dieses reicht, um zu studieren und die Familie mit einem Einkommen zu versorgen. Wenn nach diesen 5 Jahre kein - oder zumindest kein höheres – Einkommen erzielt wird, könnte eine Regel (für diese Person) implementiert sein, nach der es nicht erlaubt ist, weiter zu "spekulieren" (studieren, usw.) z.B. für die auf das Studium folgenden 5 Jahre. Welche genauen Daten und Regeln genommen werden, sollte eine politische Entscheidung sein.

Und wenn keine international gleiche Entscheidung möglich ist, wird die Zeit unterschiedliche Werte haben, je nach Land, in dem eine Person lebt. Und wenn jemand in ein anderes Land mit einem höheren Zeitlohn für seinen Beruf emigriert, wird er wohlhabender werden. So wie auch heute.

Aber diese Zeit-System-Umsetzung - auch für einen ersten Implementierungs-Schritt, welcher auf ein Minimum beschränkt sein könnte - wird

a) die Wohlfahrt erhöhen und
b) die aktuellen Probleme des Geldes relativieren.

F.4. Umsetzungs-technische Aspekte

Früher gab es keine ausreichenden technischen Möglichkeiten, Zeitkonten für alle Unternehmen und jede Person in dieser Welt zu verwalten.

Heute ist es möglich.

4.1. Zeitkonten

4.1.1. Technische Möglichkeiten

a. Zeit-Konten statt bzw. parallel zu Geld.

Die Schaltung weg von Geld und hin zur Zeit ist sehr einfach: Der u.a. Bankensektor muss nur eine neue "Währung", parallel zu allen bestehenden Währungen, einführen: "Zeit": т

b. Zeitkonten für Arbeitszeit

Zeiterfassungssysteme sind nichts Ungewöhnliches mehr, überall in der Welt.

c. Zeitkonten für Lebenszeit

Es gibt eine Menge von institutionalisierten Systemen für Zeit-Aufnahmen über diverse offizielle Dokumentationen - von Geburtsurkunden bis zu

Tod- Zertifikaten: wir sind zeitgesteuert, an jedem Tag unseres Lebens. Und es gibt offizielle Statistiken des erreichbaren durchschnittlichen Alters von Menschen auf verschiedenen Seiten dieser Welt. In den meisten entwickelten Ländern kann die durchschnittliche Lebenszeit auch nach Geschlecht, Job-Typ, Lebensweise unterschieden werden.

Daher ist es möglich, eine durchschnittliche Lebenszeit für jede Person vorherzusagen.

4.1.2. Wohlfahrts Aspekte

a) Makroökonomische Aspekte

Auch ohne sofort eingeführt zu werden, gibt dieses Modell Perspektiven, dass all die Bad-Banks und sonstigen Blasen ohne Schäden für den Rest der Wirtschaft gehandhabt werden können.

b) Mikroökonomische Aspekte

Jede Person und Unternehmen können in einer Währung oder in Lebenszeitpunkten zahlen oder bezahlt werden.

Im Vergleich zu den neuen Dimensionen, hat „Materie" keinen großen Wert mehr - und weit weniger sogar das "virtuelle" Geld von heute.

Ich denke, also bin ich: am Leben.
Ich lebe – also habe ich: die Zeit.
Zeit ist Geld? Das Geld sei Zeit!

Die Welt hat sich von Materie-Eigentum zu Finanz- Eigentum gewandelt. Nun ist es Zeit, zur Zeit zu wechseln.

4.1.3. Nicht zuletzt

Für viele Menschen ist das Geld in unserer Welt wie das Licht im Universum. Aber Licht ist nur relevant für die 0,4% des Universums: die schillernden Sterne. Geld beleuchtet den Wert von Waren und Dienstleistungen - und hilft, das BIP von Ländern zu bewerten. Aber Geld fängt mehr und mehr an, nur zu Blenden. Prächtig hell. So hell, dass wir kaum noch in der Lage sind, überhaupt etwas zu sehen. Und Licht, das keinen Zweck mehr hat, nur noch blendet ist nichts wert. Erst recht, wenn sich niemand mehr blenden lässt. Und je mehr Menschen wegschauen, desto mehr wird der Wert fallen. Und wenn sich niemand kümmert, wird es eventuell weiter um die Welt fliegen, aber die Menschen werden sich auf alternative Ideen konzentrieren: wir schlagen „die Zeit" vor. Zeit ist näher an astronomisch Regeln und Abmessungen als das künstlich konstruierte "Geld". Geld existiert nicht als Pendant in der Astronomie.

Die Zeit ist viel näher an Licht, als Geld.

Die Lebenszeit von Menschen ist eine durchschnittliche Erfahrung und kann nicht manipuliert werden, wie es mit dem Geld heutzutage geschieht.

Darüber hinaus könnten Unternehmer auf deren Firmen-Konto über Zeit-„Geld" verfügen, was ihnen angerechnet wird, je nachdem, wie viel Menschen, sie beschäftigen, als eine Art Bonus für Investitionen. Und sie könnten ihren Bonus-Konto-Wert erhöhen, je nach dem, was sie für die Gesellschaft tun. Der Umsatz oder Gewinn kann in verschiedenen Auswertungen / Multiplikationen auf dieses Konto transferiert werden. Und alle Boni könnte in Betracht gezogen werden, für Zeiten, wenn einen Fehler auftritt, welcher dann von ihrem Plus-Konto abgezogen werden würde. Auf jeden Fall ist im System mehr Puffer drin, als bei den jetzigen Kapital-Systemen.

Ja, es gibt viele neue politische und wirtschaftliche Regeln, die umgesetzt werden müssten. Und wie auch beim vorherigen Geld, kann jedes Land mehr oder weniger erfolgreiche Politik betreiben. Aber die neue gewonnene Freiheit für Personen und Unternehmen wird zu enormen Wohlfahrts-Steigerungen führen.

Und in unserer mensch-orientierten Welt, wird es nicht länger das zentralisierte Kapital das alles Beherrschende sein. Die neue Energie oder Kraft (Arbeit zu verrichten) wird auf alle und jeden einzelnen verteilt werden - und die Summe von ihnen innerhalb eines Landes oder eines Unternehmens wird eine neue große Wachstums- und Wohlfahrts- Welle auslösen - und krisensicherer aufrecht erhalten können.

In diesem Modell wird es mehr Chancen für jede Person geben - und auch für Unternehmen und Länder. Und viele Ideen, welche bis jetzt wegen Geld- Knappheit blockiert wurden, können nun umgesetzt werden. Diese Geld-Knappheit, welche in den letzten Jahrzehnten vor allem wegen Missmanagements bei vielen Geld-Institutionen und staatlichen Bereichen als auch wegen geld-orientierter Wirtschaft-Modelle entstand – diese Art von Geld-Knappheit sollte es in Zukunft – mit dem neuen Modell - nicht mehr geben.

4.2. Regeln und Empfehlungen

Natürlich muss es, wie auch in allen anderen Wirtschafts-Modellen, auch für das Astron-Zeit-Onomie-Modell Regeln geben, um Chaos zu vermeiden.

Daher werden im Folgenden erste Regeln dargestellt, welche jedoch noch politisch in jedem Land angepasst werden müssen.

4.2.1. Persönliche Lebens-Arbeits-Zeit.

Der erste Aspekt des Modells ist die Definition der erwarteten durchschnittlichen Lebens-Arbeits-Zeit eines Menschen - angepasst an die Besonderheiten, welche für die jeweiligen Bürger gelten. Lassen Sie uns die durchschnittliche menschliche Lebens- Arbeits-Zeit auf 50 Jahre festlegen.

4.2.2. Persönlicher Lebens-Arbeits-Zeit-Bonus

Der zweite zentrale Aspekt dieses Modells ist, dass jeder Mensch ein persönliches Startkapital bei der Geburt erhält. So wird niemand – weder durch Einkommen der Eltern noch durch soziale Klasse, noch durch politische o-der religiöse Aspekte – eingeschränkt werden. Und jeder ist in der Lage, sich zu etablieren -

in Abhängigkeit von seinem Engagement.

Das Startkapital in Zahlen:

50 Jahre * 365 Tage = 18.250 Bonus

4.2.3. Persönlicher Leben-Arbeits-Zeit-tempus

"τ" Der dritte Aspekt dieses Modells berücksichtigt die tatsächlichen Gegebenheiten der einzelnen Regionen dieser Welt: Durchschnittseinkommen. Je nachdem, wo jemand geboren wird, ist der Start- Bonus "tempus", τ, unterschiedlich. Aber jeder Mensch wird in der Lage sein, seinen Lebens-Ort zu ändern - wenn die Politik es erlaubt. Und durch diese Änderung wird auch ihr „tempus" angepasst. Durch den neuen Wohlstand wird jedoch der Migrations- Drang auf ein Minimum reduziert werden.

a) Einkommen in Top-Industrieländern: 25.000
   18.250 * 25.000 = 456.250.000 τ

b) Einkommen in Pre-Industrieländer: 15,000
   18.250 * 15.000 = 273.750.000 τ

c) Einkommen in Entwicklungs-Ländern: 5.000
   18.250 * 5,000 = 91.250.000 τ

4.2.4. Konsum und Ersparnisse

Der theoretisch einfachste Weg den eigene tempus zu erhöhen ist, von einem wenig entwickelten Land in ein höher entwickeltes Land auszuwandern. Doch zumindest im Moment ist dieses in der Realität der schwierigste Weg. Und er wird weniger nötig sein.

Eine zweite Möglichkeit wäre, dass eine Familie ihren tempus erhöhen könnte, indem sie mehr Kinder bekommt. Neben politischen Beschränkungen, wie in China, sollte es jedoch auch Einschränkungen für die Verwendung des tempus des neugeborenen Kindes seitens der Familie geben. Die Verwendung dieses tempus sollte auf Leistungen für die neue geboren begrenzt werden: Nahrung, Gesundheit, Kleidung, Bildung. Keine Risiken mit diesem tempus sollten erlaubt werden, da sonst das Kind seines tempus beraubt werden würde – so, wie die aktuelle Politik und Finanz-Institutionen, die (mittelfristige) Wohlfahrt der Nationen mit zu viel Spekulationen missbraucht haben.

4.2.4.1. Das Leben beginnt mit Konsum

Der Start-tempus jedes neugeborenen Kindes

wird zu einem Administratorkonto der Eltern hinzugefügt werden. In Abhängigkeit von den durchschnittlichen Lebens- und Bildungskosten in dem entsprechenden Land, wird der Kind-tempus-Konto-Bonus von Monat zu Monat verringert werden.

Der Schwerpunkt liegt hier auf dem Kinderkonto - und nicht mehr auf dem Konto der Eltern, wie derzeit in der Realität in den meisten Ländern üblich.

Bis zum Erwachsenen-Alter wird es in erster Linie Verbrauch sein, was dieses Konto prägt. Arbeit sollte nicht vor dem Erreichen der Volljährigkeit erlaubt werden, da Bildung die wichtigste Quelle für langfristigen Wohlstand ist. Kinder sollten nicht durch ihre Eltern für Arbeit missbraucht werden, um für die Eltern ein kurzsichtiges höheres Familien-Einkommen zu erzielen. Bis zur Volljährigkeit könnte ein Viertel des tempus verbraucht werden: zum Beispiel: 100.000.000 т in Industrieländern.

4.2.4.2. Eltern Kompensationen

In Abhängigkeit von der Politik der Region oder eines Landes könnte es sein, dass eine zusätzliche

Vergütung an die Eltern vergeben wird, da zumindest einer von ihnen weniger arbeiten wird. Dies ist eine politische Entscheidung des jeweiligen Landes und könnte zu mehr oder weniger Wohlfahrt führen - abhängig vom Bildungs-Stand und politischen Möglichkeiten der Regierung. Höchstwahrscheinlich werden solche Maßnahmen aber gar nicht mehr benötigt.

4.2.4.3. Erwachsene

Mit Erwachsenen-Alter muss die erste Haupt-Entscheidung des Ex-Teenager getroffen werden: Weiter konsumieren zwecks Erreichung einer höheren Bildung und besseres Gehalt in der Zukunft oder alternativ Arbeitsaufnahme und auf Durchschnitts- Niveau leben. Der Punkt ist, dass beide Optionen möglich sind, ohne auf das Einkommen der Familie zurückgreifen zu müssen noch von Subventions- Maßnahmen der Politik abhängig zu sein.

Wenn in einem anderen Land studiert wird, werden die tempus mit dem Medium Gehalt dieses Landes im Interesse des gegenseitigen Nutzens angepasst. Das aufnehmende Land kann interessierte und guter Schüler gewinnen, Geld von seinem tempus-Konto für die Universität bekommen

- und profitiert möglicherweise an einem guten Arbeiter in der Zukunft. Dem Studenten wird es ermöglicht mit den höheren Kosten in diesem Land zu leben, er wird das Wissen erhalten, was er begehrte – und möglicherweise ein höheres Gehalt bekommen - und höhere Steuern bezahlen, wenn er nach seinem Studium dort arbeitet.

4.2.4.4. Kumuliert-Wert-Aspekte:

Natürlich kann und sollte jede Person einen Bonus oberhalb des Start-Kapital-Bonus-tempus ansparen. Welche Einkommen für politische, karitative oder ehrenamtliche Arbeit festgelegt werden, kann eine politische Entscheidung sein. Aber da karitative freiwillige Helfer einen Beitrag für die Gesellschaft erbringen, sollte es auf jeden Fall einen Bonus geben - und nicht wie jetzt: nichts. Dieses Zeitmodell macht dieses möglich, ohne nicht-laufende Kapital-Modell- Konstruktionen berücksichtigen zu müssen.

Eine mögliche Berechnung der Mehrwerte-Aspekte aller Kriterien können wie folgt sein:

a) Geburts-Bonus   Start
b) Bildung   Subtraktion
c) Arbeitsstunden p.a.   Multiplikation m. d)
d) Gehalt/Stunde x Arbeitsleben   Addition
e) Steuern bezahlt ü. Lebensdauer   Addition
f) bezahlte Soziale-Sicherung   Addition
g) Spenden,   Addition

Wenn eine Person arbeitslos wird oder Fähigkeiten ergänzen muss oder ein Sabbat-Jahr nimmt, kann sie in dieser Zeit honoriert werden mittels institutionalisiertem (ohne "Erlaubnis-Bürokratie“) Durchschnitts-Einkommen, welches sich aus der obigen Kalkulation ergibt. Auf diese Weise wird jeder Einzelne sich neu orientieren können, ohne seinen sozialen Status zu verlieren, ohne "tief fallen“ zu müssen.

4.2.5. Land

Die Aufgaben aller Regierungen sollten auf ein absolutes Minimum reduziert werden: das Maximum an Freiheit für ihr Volk.

Wie im Universum optimiert (nach Einstein) jeder Planet seinen eigenen Weg. Auf der Erde ist definitiv (fast) jede Person auch dazu in der Lage - und sollte ihren eigenen Weg gehen dürfen.

Keine staatlichen Eingriffe noch (manipulierte) Trend- oder Ziel-Setzungen mehr. Und auch staatlichen Unternehmen sollten nicht mehr zugelassen werden, da sonst der Wettbewerb manipuliert wird - innerhalb und außerhalb des Landes.

Die staatlichen Hauptziele sind:

a) Freiheit für sein Volk
b) Umsetzung gleicher Chancen bzw. Selbstbestimmung
c) Erzielung des bestmöglichen Zusammen-Lebens über Freiheit und Sicherheit
d) Erziehung zur Selbständigkeit.

Dieses sind sehr alte Ideale - die sich aus einer der größten Schritte in Richtung Wohlstands-Erhöhung in der Menschheit ergeben haben: durch die Französisch Revolution: a) Liberté, b) Egalité, c) Fraternité.

Beklagenswerter Weise haben sich die Staaten zu viel in jedermanns Leben und Entscheidungen eingemischt - und der zu starker Fokus auf Geld und Kapital-Reglementierungen hat viel von einem möglichen Wohlfahrts-Anstieg in der Vergangenheit verhindert.

Mit der neuen Ausrichtung auf tempus, werden

die derzeitigen Geld-Probleme auf ein Minimum relativiert. Zugleich müssen die zusätzlichen Möglichkeiten genutzt werden, um staatlichen Einfluss auf das Leben der Menschen und Unternehmen zu reduzieren.

Da jeder/s Mensch und Unternehmen ein großes tempus-Budget erhalten wird, werden weder Eltern noch Banken noch die Politik benötigt, um vieles zu „genehmigen". Sie werden für viele andere Dinge benötigt - wie Buchhaltung für die tempus-Konten - aber nicht mehr für Anordnungen oder Erlaubnisse. Und Spekulation mit den neuen Werten sollten ihnen verboten werden. Weder die Politik noch die Banken sind in der Lage, die Kräfte der Märkte vorherzusagen, wie die Zeit immer wieder gezeigt hat. Und: die Welt wird immer komplexer!

Die Chancen und die Risiken müssen auf die kleinstmöglichen Punkte reduziert werden: im Universum auf jeden einzelnen Planeten - auf der Erde auf jede einzelne Person.

Und auf diese Weise wird der mögliche Schaden einer falschen Entscheidung auf ein Minimum reduziert: auf einzelne Personen.

Im Universum gibt es weder Banken noch Politik.

Es gibt nur Kräfte, die gegeneinander antreten. Es gibt keine Interventionen auf einer so großen Basis wie es Staaten und Banken auf der Erde getan haben. Dieses kann einer der Gründe sein, warum das Universum bereits 13,8 Milliarden Jahre wächst - und es wächst schneller als je zuvor. Also: Freien Weg für die „irdischen Planeten und Sterne". Ohne Eingriffe, welche nur Ungleichgewichten verursachen.

Zur Absicherung, damit dieses Gleichgewicht der Kräfte wirklich frei und stabil bleibt und nicht von der Politik manipuliert werden kann, sollten die Möglichkeit der staatlichen Interventionen über sehr stringente Gesetze geregelt werden – und den Staaten sollten nur ein minimaler (Steuer-)Zugriff auf die neuen tempus-Budgets erlaubt werden.

Um a) Liberté, b) Egalité und c) Fraternité über Staaten abzusichern, sollten Staaten die Möglichkeit der Besteuerung haben. Welche Menge für diese Ziele benötigt werden, hängt von den Konstellationen ab - und ist eine politische Entscheidung, in Abhängigkeit von dem Willen der Bevölkerung welcher durch die Mehrheiten über Wahlen zum Ausdruck gebracht wird. Und für große (regional) Entscheidungen, sollten Meinungs-Umfragen ein Muss sein. Nur durch drastische

Reduzierung aller Bevormundungen kann die Einführung eines individuell verfügbaren tempus-Budgets erzielt werden, kann a. Liberté, b. Egalité und c. Fraternité in d. Réalisabilité münden.

Statt einer effektiven Besteuerung bis zu 80% des Einkommens, sollte maximal 5% in Ordnung sein. Und durch Delegation vieler staatlicher Engagements und Ausgaben auf private Entscheidungen und Initiativen kann die derzeitige "Fürsorge" (von nur mit Verschuldung realisierbaren Wahl-Versprechen) von Politikern problemloser werden.

Für jeden vom Staat angebotenen Dienst werden tempus-Einheiten berechnet. Es müssen aber im Wettbewerb stehende Dienstleistungen sein – zu einem wettbewerbsfähigen tempus. Und da jeder Mensch eine weit größeres tempus-Budget hat, als das Geld, was er mit Ist-Lohn in früheren Zeiten hatte, hat jede Person weit mehr Auswahlmöglichkeiten – und die Chance zwischen Privat und staatlich auch wirklich wählen zu können.

Ein perfektes Beispiel für diese "neue" Freiheit ist das Beispiel der Französischen Autobahnen. Sie sind privat und um sie zu nutzen zu können, muss jeder Nutzer zahlen. Sie sind in einwandfreiem Zustand und sind weit schneller repariert als jene, welche vom Staat betreut werden. Denn wenn man die Straßen und Brücken, welche vom deutschen Staat betreut werden betrachtet, muss man feststellen, dass hier 80% marode sind.

Die Lösung? Eine weitgehende Unterbindung von staatlicher Einmischung in Wirtschaft, Unternehmen oder private Aspekte. Empfehlungen:

Verkauf der deutschen Straßen an private Investoren. Und selbiges mit dem Flughafen von Berlin, dem Nürburgring, dem Bahnhof Stuttgart, der Eisenbahn, Strom-Unternehmen, Gas-Unternehmen, Telekommunikation, Flugzeuge, (staatliche) Auto- Aktien, Regionalbanken und Sparkassen, Sozialwohnungen, die soziale Sicherheit (da jede Person sich mit ihrem eigenen tempus absichern kann) ... Wird das staatliche Interventions-„Eigentum" privatisiert, wird die Wohlfahrt extrem steigen.

Der Staat sollte primär die Liberalisierung fördern. Dafür wird nur ein Minimum an Steuern benötigt. Zur Verdeutlichung, hier eine mögliche Umsetzung und Gegenüberstellung der Maßeinheiten tempus und Geld:

a) Top entwickeltes Land:
Tempus / Person: 456.250.000 т
Bevölkerung: 64 Millionen (Großbritannien)
Einkommen: 64 * 456.250.000 führt zu 29.200.000 Milliarden т
Dividiert durch 50 Jahre: 584.000 Mrd. BSP p.a.
(Heutiges BSP: 2.678 Milliarden $)

b) Medium entwickeltes Land
Tempus / Person: 273.750.000 т
Bevölkerung: 1.300 Millionen (China)

Einkommen: 1.300 * 273.750.000 führt zu 355.875.000 Milliarden т
Dividiert durch 50 Jahre: 7.117.500 Mrd.BSPpa.
(Heutiges BSP 2.532 Mrd. $)

c) Gering entwickeltes Land
Tempus / Pers .: 91.250.000 т
Bevölkerung: 26 Mio.. (Ghana)
Einkommen: 26 * 91.250.000 führt zu 2.372.500 Millarden т
Dividiert durch 50 Jahre: 47.450 Mrd BSP p.a.
(Heutiges BSP: 16 Milliarden $)

Das tempus pro Person, wird natürlich variieren, je nach realer Lebens-Arbeits-Zeit - damit wird dieses eines der wichtigsten Ziele der Staaten sein, was verbessert werden muss - also werden in Zukunft die Staaten mehr auf (Individual-)Wohlstand und weniger auf Geld schauen müssen, um das т-BSP zu steigern.

Während mit der heutigen Geld-Grundlage das Verhältnis der Länder GB, Ch und Gh wie folgt ist:

	GB	:	Ch	:	Gh
Verhälniszahlen heute	51	:	48	:	0,3
sind die tempus-basierten Werte:	7	:	92	:	0,6

Das Potenzial und die Chance, die Wohlfahrt zu erhöhen, wird speziell für die ärmeren (Geldbasis) Regionen sehr groß sein, wenn tempus als neue Basis eingeführt wird, da eine weit bessere Grundlage genutzt werden kann - ohne dass "zentrale Institutionen" um Erlaubnis oder Mittel befragt werden müssen, welche oft nicht die „Kapazitäten" haben noch über genügend „Mittel" verfügen.

Von diesem tempus-basierte Einkommen sollte der Staat in der Lage sein, seine Ziele und Aufgaben über minimale Besteuerungen zu finanzieren.

Diese Änderung der Basis von Geld auf tempus führt zu einer Reduzierung der aktuellen 300% Geld- basierten Überschuldung gegenüber dem

BSP in den Industrieländern auf nur 1,5% – und in China auf nur 0,1%. Dies ermöglicht es Politikern unabhängig von den Aspekten der geld-basierten Theorien und Vorschriften zu handeln.

Gleichzeitig sollte die staatlichen Besteuerungen von derzeit bis zu 80% (direkte und indirekte Besteuerungen) auf maximal 5% reduziert werden, um die Änderungen implementieren zu können. Aber wenn alles geändert wurde und viel mehr private Verantwortungen und Entscheidungen möglich sind, dann sollte die Besteuerung bei etwa 1% des tempus der Bürger des Landes enden.

Durch die neue Art von Berechnung werden die Regierungen der Entwicklungsländer überproportionale Möglichkeiten zum Handeln bekommen - im Vergleich zu den entwickelten Ländern. Und: Sie werden diese größere Mengen an tempus auch brauchen, da sie 1) die meisten Änderungen vornehmen müssen, damit ihre Bürger auf internationaler Basis konkurrieren können – und da 2) der Umgang mit diesen neuen Dimensionen in schlechter entwickelten Ländern schwerer implementierbar ist, auch infrastrukturell.

4.2.6. Firmen

A.) Allgemeine Aspekte

Um aus der Abhängigkeit von den aktuellen Geld- basierten-Finanz-Institutionen weg zu kommen, sollten Unternehmen in ähnlicher Weise wie die Staaten einen Sonderstatus bekommen – in Abhängigkeit von den bei ihnen beschäftigten Arbeitnehmern.

Die Summierung aller Mitarbeiter tempus p.a. und dann mit 2% dieses Wertes beginnend, sollte es jedem Unternehmen ermöglichen, alle erforderlichen Änderungen vornehmen. Nach der Wechselperiode sollten die "Bonus-Kredit"-Möglichkeiten von Unternehmen auf einen ähnlichen %, wie beim Staat – bei etwa 1% - möglich sein.

Dieser "Kredit" sollte in der Regel für jedes Unternehmen gelten. Damit haben alle Unternehmen dieser Welt die gleichen Möglichkeiten eines Zugriffs auf "Finanzen" - egal, wo sie sind und was sie produzieren - oder wie groß sie sind. Diese allgemeine Möglichkeit sollte eine gute Basis für den Start einer fairen, nicht subventionierten, nicht politisch unterstützten, freien Wirtschaft sein.

Auf diese Weise wird kein Vermögen mehr durch irreführende politische Interaktionen zerstört.

Letztere haben immer zur falschen Zuordnung von Ressourcen über falsche Prioritäten-Setzungen geführt.

Wenn ein Unternehmen Probleme hat, werden diese auf ein Unternehmen beschränkt und nicht mehr auf alle Bürger, wenn die Politik zu retten versucht.

Und es wird nicht mehr ein "too-big-to-fail" geben, da der Staat, aufgrund seines geringeren Puffers, nicht mehr die Möglichkeit hat, einzuschreiten. Und es wird nicht mehr Kreditkürzungen noch Cash-Flow-Mangel in den Dimensionen der letzten Jahrzehnte geben, welche sich aus den Fehlspekulationen von Banken und Staaten ergaben. Die Spekulation sollte verboten oder extrem begrenzt werden, wie es bei Wetten, oder Spiel-Casinos schon heute üblich ist.

B.) Der tempus-Wert von Unternehmen.

Die (realen) Unternehmens Werte (für die Gesellschaft – und nicht nur für die Spekulation) können auch durch verschiedene alternative (zusätzliche) Aspekte bestimmt werden, welche: 1) außerhalb der Börsen-Werte sind, da diese derzeit durch 50-faches Spekulations-Kapital nicht mehr die realen Wertigkeiten darstellen, - sowie 2) außerhalb der realen kurzfristigen und daher kurzsichtigen Bilanz-Zahlen- Betrachtung zur u.v.a. auch Insolvenz-Bestimmungen liegen – und 3) welche außerhalb politischer Interessen liegen, wie „zu groß zum Sterben".

Es könnten folgende Aspekte ergänzt werden:

a)   Jahre der Existenz

Die Jahre der Existenz eines Unternehmens ist ein Aspekt, den Wert eines Unternehmens zu ermitteln, da es zeigt, dass Kunden und Lieferanten diesen Produkten und Dienstleistungen vertrauen. Diese Dimension kann als „Vertrauens-Bonus" betrachtet und angewendet werden. Sollten sich die Märkte plötzlich ändern und das Unternehmen Investitions- "Kapital" benötigen, um sich anzupassen, ist ein institutionalisierter Vertrauensbonus pro Jahr ein gutes Hilfsmittel, um eine Krise zu vermeiden und Werte zu erhalten, bzw. sozialverträglich abzubauen.

b)   Beitrag zur Gesellschaft

Der Beitrag zur Gesellschaft während seiner Existenz, ist definitiv ein berechenbarer Wert eines Unternehmens. Von der Höhe des Beitrags, müssen natürlich alle (ehemaligen) Subventionen abgezogen werden. Dieser Beitrag sollte unter Berücksichtigung verschiedener Aspekte mit unterschiedlichen "Wertigkeiten" berechnet werden. Zusätzlich zu heutigen Bewertungen sollten folgende Aspekte berücksichtigt werden:

b1) Anzahl der Arbeitenden/Beschäftigten

Je mehr Leute desto höher sollte der Vertrauens-Puffer-Wert eines Unternehmens kalkuliert werden. Eine "Automatik" (ohne langfristige Verfahren und Unsicherheiten, wie heute bei Banken- und Staats- Finanzierungen) könnten einen Zwischen-Kredit für eine Anpassung, wenn sich Märkte ändern, schnell kalkulierbar machen und schnell ermöglichen. So kann Wohlstand besser erhalten werden als heute.

b2) Bezahlte Gehälter

Um die erforderlichen Mitarbeiter zu gewinnen, muss ein Arbeitgeber eine bestimmten tempus-Wert zusätzlich zum Grund-tempus bezahlen. Je höher die Qualifikation, desto höher ist der Multiplikator. Und die gezahlten Gehälter in all den Jahren der Existenz sind ein Top-Parameter zur

Beurteilung des gesellschaftlichen Beitrags einer Firma in Punkto Konsumsteuer, gehaltsbasierter Steuern, Abgaben, usw.

b3) Gearbeitete Stunden

Es gibt eine Menge von Unternehmen und Organisationen, welche ehrenamtliche Arbeitsplätze und Ausbildungen anbieten – und einen großen gesellschaftlichen Nutzen stiften. Viele Hilfsorganisationen könnten ohne freiwillige ehrenamtliche Personen nicht existieren.

Bei den heutigen eingeschränkten Kapitalmärkten sind diese Unternehmen und Organisationen kaum in der Lage, Kredite zu bekommen. Auch können diese Organisationen ihre ehrenamtlichen Helfer nicht bezahlen - oder ihre (Geschäfts-)Modelle würden zusammenbrechen.

Auf der anderen Seite gibt es eine enorme Menge von Menschen, die für "nichts" und/oder oft auf niedrigen Einkommens-Niveaus nebenbei arbeiten - aber durch ihr karitatives Engagement für die Gesellschaft einen enormen Beitrag leisten.

Wenn ein tempus-"Lohn" eingeführt werden würde, würden diese Menschen zumindest in einer menschlichen und respektvollen Art und Weise geehrt werden - und zugleich eine enorme zusätzliche Nachfrage erzeugen können - diesmal nicht "aus dem Nichts" wie mit virtuellem Geld (für Spekulationen Aspekte), sondern aus wirklich gearbeiteten Stunden und für Beiträge für die Gesellschaft!

Es gibt verschiedenste Organisationen, welche sich für eine erste Stufe eines garantierten und bedingungslosen Grundeinkommens einsetzen. Dieses ist ein guter Schritt in Richtung genereller Integration aller Bürger in ein menschliches und würdiges soziales Umfeld. Doch stehen diese Organisationen als Bittsteller und Konkurrenten zu vielen anderen Firmen und Institutionen, welche auch einen Teil des beschränkten Geldes haben möchten.

„tempus" dagegen kann(!) und sollte daher parallel (!) zu allen geld-basierten Märkten/Modellen eingeführt werden.

Menschen werden viel mehr die Wahl haben, das zu tun, was sie wirklich mögen, da ihr Leben durch einen eigenen (!) Bonus finanziert wird – und nicht vom „Good-Will" anderer Entscheider abhängt.

Ein zusätzliches „Fremdwährungs-Konto"(tempus) mit viel weniger Regeln, als jene der aktuellen Kapital-Märkte, kann auch „institutionell" schneller eingeführt werden, als das Modell des „Bedingungslosen Grundeinkommens".

Wie auch immer, karitative Organisationen werden davon profitieren, dass nun mehr Personen dort wirklich arbeiten wollen – weil sie nun zusätzlich über ein Einkommen verfügen werden. Und die Menschheit wird von einer breiteren Unterstützung seitens karitativer Institutionen profitieren.

Hinzu kommt, dass der Staat nicht mehr künstliche „Konstruktionen" erfinden muss, um Arbeitslosigkeit zu reduzieren (verstecken) – und wird viel weniger Arbeitslose haben, welche aus den knappen Ressourcen unterstützt werden müssen.

Firmen werden wohl höhere Gehälter zahlen müssen, da Arbeitnehmer nun mehr Wahlfreiheit haben. Sie können aber auf der anderen Seit sicher sein, dass die Leute, die dann bei ihnen arbeiten, wirklich bei ihnen arbeiten möchten – und eine viel höhere Produktivität erzeugen werden. Und mit der höheren (bei Firmen) und größeren (durch die zusätzlichen Gehälter bei karitativen Institutionen und dem generellen tempus-Bonus für die gesamte Menschheit) Gehaltssumme entsteht mehr Nachfrage von welcher die Unternehmer profitieren.

Daher müssen die „gearbeiteten Stunden" unbedingt bei der Bewertung von Vertrauens-Puffern bei Firmen und karitativen (!) Organisationen herangezogen werden

b4) Gezahlte Steuern

Netto Steuern – unter Abzug von vorherigen Subventionen – welche von den Firmen in den vergangenen Jahren bezahlt worden sind, haben der Gesellschaft geholfen. Daher sollte die Gesellschaft auch bereit sein, einer Firma zu helfen, wenn sie einmal in Not ist – in Abhängigkeit von den vorherigen Einzahlungen.

b5) bezahlte Sozialversicherung

Da Firmen zur generellen Sozialversicherung beitragen, sollte diese auch dann einspringen, wenn einmal in Beitragszahler in Not sein sollte.

B6) Subtraktion von Subventionen

Subventionen müssen vom Vertrauens-Bonus-Konto abgezogen werden, da die jeweilige Firma ja schon (einmal) Gesellschafts-Gelder in Anspruch genommen hat.

b7) Subtraktion staatlicher Angestellter

Sollte eine Firma oder Modell auf staatliche Angestellte zurückgreifen, müssen deren Gehälter, wie eine Art Subvention, von einer möglichen Unterstützungsleistung abgezogen werden.

b8) Subtraktion von Staats-Beteiligungen

Beteiligt sich ein Staat an einer Firma, so muss dieser Anteil von einer potentiellen Hilfe aus dem Vertrauen-Bonus-Wert abgezogen werden.

b9) Subtraktion von Staats-Interventionen

Staats-Sonder-Genehmigungen wie z.B. Verlust- Reduktions-Maßnahmen in Form von z.B. Bad- Banks, oder Steuervergütungen oder sonstige staats- Interventionen, welche zu einer privilegierten Stellung eines Unternehmens führen, müssen von einem Vertrauens-Bonus-Wert abgezogen werden, bevor weitere Hilfsgelder fließen, sollte diese Gesellschaft (wieder einmal) Staatshilfe benötigen, da Staats- Interventionen leider allzu oft zu Fehlallokation von Ressourcen geführt haben.

c) Diverses

Die Einführung des tempus-Wert für Unternehmen, zeigt nicht nur, wie wichtig ein Unternehmen wirklich für die Gesellschaft ist - im Vergleich zu anderen, die nur einen "politische Wert" haben.

Es wird uns vor Augen führen, dass Wohlfahrt in erster Linie durch angemessene Arbeit aufgebaut werden kann - und nicht über Subventionen und Um- Verteilungen des Bestehenden. Und es wird zeigen, auf was man sich in einer Krise konzentrieren sollte – ohne Geld in unproduktive Sektoren (weiter) zu investieren, welches dringend in den produktiven Sektoren benötigt wird. Somit kann eine Verschlechterung der Situation auf beiden Seiten und eine beschleunigte Abwärtsspirale verhindert werden.

Mit der Einführung eines tempus-Puffer-Wertes für Unternehmen werden Konkurse – und damit Wohlfahrtsverluste reduziert werden. Wenn sich die Märkte ändern und „Geld" plötzlich benötigt wird, kann der Puffer für Anpassungen verwendet werden - ohne auf die nicht-funktionierenden Bank- und Staats-Systemen angewiesen zu sein.

Zusätzlich werden weit mehr Menschen den

Schritt in die Selbständigkeit wagen, da die Risiken viel geringer sein werden – durch 1.) Entfall der enormen Unsicherheits-Faktoren „Bank" oder „Staat" und 2. kann der Tempus-Puffer in schlechten Zeiten helfen.

Beide Aspekte, weniger Konkurse und mehr Unternehmer werden zu einer großen Welle von zusätzlicher Wohlfahrt führen.

Und die Reduzierung staatlicher Aktivitäten auf ein absolutes Minimum wird per se Wohlfahrt generieren, da private Unternehmen alles billiger schneller und besser machen können.

Vergleichen Sie einmal Preise, als vieles noch staatlich war, mit heutigen Preisen und Sie werden einen Eindruck von der möglichen Wohlfahrts-Welle erhalten, die entstehen könnte, wenn es die Flug-, Strom-, Wasser-, Ausbildung, Bau-, Bildung-, Telefon-, Post-, Staats-Banken (Stadtsparkassen, Volksbanken, Raiffeisenbanken, Landesbanken), Staats-Versicherungen (Rente, Krankenkassen, ...), Arbeitsämter (gegenüber Zeitarbeitsfirmen), Bürokratie-In-Effizienz nicht mehr gäbe ... Würde alles privatisiert, kämen bessere und billigere Produkte und Dienstleistungen - und weit weniger Steuern wären nötig!

Die Profitabilität wird immer noch eine große Rolle spielen. Aber wenn alle Unternehmen nur mit Maschinen produzieren, ohne dass jemand beschäftigt ist, wird niemand in der Lage sein, das zu kaufen, was produziert wird.

Daher sollte ein humanitärer Firmen-Tempus-Wert als Ranking eingeführt werden, damit Verbraucher beurteilen zu können, welches Produkt sie wirklich kaufen wollen, welche Firma, sie fördern wollen.

4.2.7. Unternehmertum

„Firmen" und „Selbständige" sollten in der Lage sein, ihren eigenen „Existenz"-Zeit-Bonus aufzubauen und zu nutzen.

In jedem Land gibt es Mittelwerte der Firmen-Existenz-Zeiten - und derer Umsätze und Mitarbeiter, im Laufe der Jahre.

Um die Wirtschaft und Beschäftigungs-Quoten drastisch zu stimulieren, sollten nicht nur die tatsächliche Menge an aktuellen Mitarbeiter für den tempus-Wert eines Unternehmens zählen.

Unternehmen sollten von Anfang an mit der durchschnittlichen Existenz-Zeit (Jahre) von

Unternehmen des jeweiligen Landes als „Bonus“ starten. Als einer der Multiplikatoren für ihren Wert. Der gleiche Ansatz, wie bei dem Bonus-Konto für jede einzelne Person! Ein Anreiz für die Politik, alle Unternehmen gleich(!) zu behandeln – und dessen Überlebens-Chancen generell(!) zu optimieren – ohne Fokussierung auf nur die großen.

Dies wird nicht nur weit mehr Menschen ermöglichen, ihre Ideen zu verwirklichen und somit Wohlfahrt zu erhöhen. Es wird auch die Regierungen ermutigen, die beste Infrastruktur einzuführen, damit Unternehmen entstehen: Freiheit(!) – die Freiheit des Universums.

Und da Unternehmen und Personen zählen, werden die Staaten für Menschen mit Ideen und Unternehmertum im Wettbewerb stehen. Die Liberalisierung der Barrieren für Menschen, ins Land zu immigrieren, egal woher sie kommen, wird erhöht. Und die Internationalisierung der Menschheit wird enorm zunehmen. Politisch oder religiös gesetzte Barrieren werden reduziert - und hierdurch wird „Helfen“ priorisiert, statt dem aktuellen „Ignorieren“.

Die Berechnungen können wie zuvor für die Menschen erstellt werden, um den tempus-Bonus-

Wert des jeweiligen Unternehmens zu erhalten. Aber anders als für die Menschen sollten es verschiedene Möglichkeiten geben, den Wert zu berechnen: für neue – und für bestehende Unternehmen.

Um den Erfolg bestehender Unternehmen zu honorieren, muss eine Aufwertung für die Jahre ihrer Existenz erfolgen – zusätzlich zu dem Durchschnitt, welcher jeder Neu-Gründung zu Gute kommt. Jedes Jahr ihres Bestehens könnte mit einem Bonus von 1% des entsprechenden Mitarbeiter-Jahres-tempus des entsprechenden Jahres berücksichtigt werden. Nach 100 Jahren wird ein Unternehmen 100% des tempus ihres Mitarbeiter-tempus als zusätzlichen tempus-Bonus haben. Mit diesem können die Unternehmen investieren - oder, wenn es mal kritisch werden sollte, kann dieser Bonus für Restrukturierung und Neuausrichtung genutzt werden.

Auch können Modelle zur Sicherung der Gläubiger implementiert werden. Wenn ein Unternehmen in Konkurs gehen sollte, gibt es einen Puffer zum Sozialverträglichen Abbau. Und kein Unternehmer wird mehr für einen Konkurs schlecht behandelt – sondern eher ermuntert werden, etwas Neues zu beginnen. Und Gläubiger werden

nur geringen – wenn überhaupt - Schaden erlei-
den müssen.

Es sind Unternehmer, welche dieser Welt für eine
lange Zeit Wohlfahrt hinzugefügt haben. Wenn
ihre Unternehmen fehlschlagen, muss der vorhe-
rige Beitrag zum Reichtum honoriert werden -
auch wenn sie es einmal versäumt haben sollten,
die richtige Entscheidung zu einem bestimmten
Zeitpunkt und bei einer bestimmten Situation zu
treffen.

Mit dem tempus-basierten Modell, sind alle diese
Aspekte viel leichter als in einer Geldbasis-Welt
umsetzbar - auch weil nicht mehr nur eine kleine
Anzahl von „Geld"-Besitzern die Welt regiert –
sondern alle, die ihre Zeit einsetzen: die Bevölkerung.

Die aktuellen geldbasierten Unternehmer und Investoren auf der anderen Seite werden ihre Gelder und Investitionen nicht verlieren. Alle Werte
werden beibehalten. Kein Schuldenschnitt, keine
Währungsabwertung bzw. Eigentum-„Umverteilung" wird stattfinden. "Nur" der relative „Anteil",
(im Vergleich zu den neuen tempus-Möglichkeiten
aller Menschen- tempus) wird geringer. Und da
die Menschen weit mehr Freiheiten haben, müssen sich Unternehmer Mehr auf Menschen, als

auf Geld oder Kapital konzentrieren. Ihre Macht und ihr Eigentum wird nur bleiben, wenn sie in der Lage sind, die Menschen für sich, für ihr Unternehmen zu begeistern. Sie dürfen nicht mehr nur ihren eigenen Weg gehen, um ihre eigenen Ideen zu verwirklichen. Es müssen automatisch viel mehr gesellschaftliche Aspekte berücksichtigt werden. Ein großer gesellschaftlicher Wandel.

Unternehmertum wird leicht(er) sein, da Menschen in der Lage sein werden, zu investieren (zum Beispiel 25% ihres tempus innerhalb von 5 Jahren) wenn sie sich entscheiden, selbstständig zu werden. Darüber hinaus werden sie X% vom durchschnittlichen Firmen-Existenz-/-Ergebnis-Bonus-tempus gutgeschrieben bekommen. Wenn sie eine Ltd. Company gründen, dann werden die durchschnittliche tempus eines Ltd.-Unternehmen angewendet werden, usw.

4.2.8. Ausfälle

Wenn eine Unternehmung nicht funktioniert, werden ihre Unternehmer nicht in ein tiefes Loch fallen. Die Gesellschaft hat genug tempus gespeichert, um die Interessen aller Beteiligten auszugleichen. Die Unternehmer-Energie als solches bleibt somit erhalten – und neue Unternehmungen können entstehen.

Unternehmer-Energie ist das, was die Welt braucht, um Wohlstand zu erzeugen. So sollten Ausfälle als Lern-Prozess betrachtet werden, um es beim nächsten Mal besser zu machen. Das "besser zu machen", ist eines der zentralen Aspekte welche eine Gesellschaft fördern muss – und nicht die Verurteilung jener, die Pech gehabt haben.

Jedes Kind muss aus Fehlern lernen – und wird trotz vieler Fehler nicht deklassiert oder verurteilt.

Die Bedeutung eines einzelnen Unternehmens muss und kann mit tempus und der neuen Theorie relativiert werden – und die Auffangfähigkeit der Gesellschaft kann extrem vergrößert werden: auf das Niveau von „fürsorglichen Eltern", welche die Kinder immer wieder zur Selbständigkeit anregen (und nicht zur Abhängigkeit, wie in vielen aktuellen Wirtschafts-Modellen). Dieses ist ein enormer Fortschritt im Vergleich zur Orientierung am begrenzt zur Verfügung stehenden Geld/Kapital; diese Begrenztheit, die wir uns selber (!) mit den Geld/Kapital-Ideen/Modellen auferlegt haben, können wir selber (!) mit neuen Ideen/Modellen relativieren. Wir müssen es nur wollen!

Natürlich sollte es Einschränkungen für Versuche geben. Die Systeme können von Land zu

Land unterschiedlich sein. Auch können Kulturen und der Status der Entwicklung den Regierungen Grenzen setzen. Aber die Regierungen mit den besten Förderungs- Lösungen - im Gegensatz zu aktuellen Beschränkungen - werden den größten Erfolg erzielen.

4.2.9. Wohltätigkeitsorganisationen

Karitative Arbeit eignet sich perfekt zur Erfüllung vieler allgemeiner Aktivitäten, welche viele Menschen früher den staatlichen Aufgaben oder der Sozialarbeit der Kirchen zugeordnet hätten.

Die karitativen Engagements sind nicht nur gut für die (internationale) Hilfe benötigenden Menschen und Projekte. Da sie meist absolute neutral agieren, sind sie bei ihren Interventionen eher toleriert als staatliche oder kirchliche Interventionen, hinter welchen sich oft zusätzliche Interessen verbergen.

Dass es so viele Menschen gibt, welche bereit sind, ihre Zeit für gute Zwecke einzusetzen, zeigt den Wunsch der Menschen, etwas Positives vollbringen zu wollen – und ist ein Beweis, dass die meisten Menschen mit den tempus-Zeit-Konten aktiv(!) – und nicht faul sein werden.

Auch, dass so viele Menschen bereit sind, an diese Organisationen zu spenden, zeigt den großen Respekt und die breite Anerkennung der Bedeutung dieser Organisationen. Der Schritt, zur Bejahung einer Bezahlung - das Versehen mit tempus für alle Menschen - ist sehr klein …

4.2.10. Kirche und ähnlichen Organisationen.

Kirchen und ähnlichen Organisationen geben Hilfe und Hoffnung all jenen Menschen, die an ihre Ideen glauben. Die „Energie", welche sie liefern ist eine primär mentale Energie.

Da tempus auch ein mentales „Zahlungssurrogat" sein wird, sollte dessen Einführung bei Kirchen leicht möglich sein. Auch deshalb, weil Kirchen nicht so viel kaufen und verkaufen müssen, wie Unternehmen.

4.2.11. Bildungseinrichtungen

Schulen, Universitäten & Co. haben einen enormen Wert für die Erzielung von Wohlfahrt. Und ihr Werte und Dienstleistungen werden dramatisch zunehmen, wenn die Menschen ihre eigene tempus-Basis haben. Viele Menschen werden in eine bessere Bildung investieren. Eine höhere Nachfrage wird zu einem höheren Angebot, mehr Lehrer, mehr Wissen führen und die Wohlfahrt erhöhen. Automatisch. Keine staatlichen Eingriffe sind erforderlich. Wettbewerb - und nicht die Behörden - werden die Maßstäbe setzen.

4.2.12." Nichts-Tuer"

Ein freies Wochenende, Feiertage, Krankheiten, Sabbat-Jahre, Rentner - all das Nichts-Tun, was die Menschheit in der Vergangenheit implementiert hat, sollte es auch in Zukunft geben.

Aber die Leute, welche das System - bewusst oder nicht - hintergehen, müssen begleitet werden. Manche Leute könnten durch die große Menge an tempus „geblendet" werden. Sie müssen verstehen lernen, dass tempus „nur" ein Bonus auf deren Zukunft ist, was sie nutzen können, um später selber besser da zu stehen – und dass „nichts tun" sie später schädigen wird.

Damit dieses Modell auch Früchte trägt, ist es unbedingt erforderlich, dass der Staat keinen Einfluss mehr auf das Renten-System hat. Denn wenn die Renten-Gelder politisch für andere Zwecke genutzt werden, hat natürlicherweise niemand Vertrauen in die Renten-Zahlung-Fähigkeit des Staates – was sich aktuell wieder einmal zeigt. Wenn Nichts-Tun zum selben Ergebnis wie im Niedrig-Lohn-Bereich führt, ist der Ansporn für anfällige Menschen, nichts zu tun und von Sozialhilfe zu leben, ein selbst verschuldetes politisches Versagen.

Nichts-Tuer könnten durch Aktivitäts-Konten-Systeme „entdeckt" werden, welche in vielen Bereichen noch (neu definiert und) implementiert werden müssten. Sie sind aber auch schon in vielen Bereichen aktiv: Als Zeiterfassungs-Systeme / „Stempel- Uhren" usw. in Firmen und Behörden.

Die Systeme, Menschen anzuleiten, etwas zu arbeiten, sind bereits heute etabliert - aber können nur schlecht umgesetzt werden, weil die staatlichen Institutionen nicht genügend Kompetenzen noch Möglichkeiten haben. Der Ausbau der globalen Wohltätigkeit über gut organisierte Wohltätigkeits- Einrichtungen kann eine große Hilfe für alle Menschen sein: jene, die im Ausland unbedingt Hilfe brauchen – aber auch für jene, die im Inland wieder lernen müssen, etwas zur Gesellschaft bei zu tragen, welche sie bis jetzt unter-

stützt hat, ohne dass sie etwas beitragen mussten.

4.2.13. (Daten-)Banken

Die Möglichkeit der Implementierung einer neuen
Fremdwährung, „tempus" – und die Überprüfbar-
keit von Konten – ist ein zentraler Aspekt und ein
großer Beitrag den die bestehenden Systeme liefern können, vom Bankensektor über Versicherungen, Telefon- Gesellschaften, Internet-Anbie-
tern usw. Mit deren Daten-Systemen können die
neuen Konten für jeden Menschen eingerichtet,
abgesichert und überprüft werden.

Controlling erfolgt bereits seitens vieler Unternehmen und Staaten. Es gibt weit mehr Daten über
uns und was wir tun, als man sich vorstellen kann.
Da diese Tendenz ohnehin nicht gestoppt werden
kann, warum nicht diese Systeme nutzen: für eine
neue Wohlfahrts-Generierung auf unserer Welt.
Das neue Konto ist nichts Anderes, als das, was
(Geld- und Daten-) Banken bereits heute tun. Jetzt
wird es mit einem großen Bonus versehen. Hiermit
kann jeder endlich das tun, was er schon immer
tun wollte – und dadurch gleichzeitig viel mehr zur
Wohlfahrt der Nationen beitragen, als jedes andere System es je konnte.

Eines der zentralen und besten Regeln der neuen Daten-Banken wäre ein Verbot jeglicher Spekulation, verfolgt mit drastischen Strafen. Bei Spekulation gewinnt eine Seite – und die andere verliert. Es kommt nicht zu einem Wohlfahrts-Zuwachs. Nur zu einer „Umverteilung".

 Die zweite Regel, wenn das Verbot nicht möglich ist (in erster Instanz), wären drastische Steuern auf Gewinne, wie sie ansatzweise bereits in Spiel-Casinos umgesetzt werden.

Neben vielen Regeln und Verbote müssen „Bremsen" gegen zu große tempus-Verluste implementiert werden. Da nicht einmal die Top-Abteilungen von Top-Banken noch Finanz-Organisationen in der Lage waren und sind, richtig zu spekulieren - und auch Staaten nicht in der Lage waren, weder vorherzusehen noch richtig zu reagieren, sind „Bremssysteme" unbedingt erforderlich. Erfolg im "normalen" Geschäft ist schwierig genug. Der Wohlstand, der über tempus erzeugt werden kann, sollte nicht in Spekulationen begraben werden.

4.2.14. Überschuss generieren

 Jede Person oder Firma, die im "produktiven" Bereich arbeitet (meist privater Sektor, da dem Staat nicht mehr erlaubt sein sollte, auf Märkten zu intervenieren oder agieren) können tempus-Werte auf ihren Konten akkumulieren – entsprechend ihrem Gehalt. Kranke, Arbeitslose oder Insolvenz-Pech-Menschen fallen nicht in ein tiefes Loch, da sie den normalen Durchschnitts-tempus-Lohn weiter bekommen werden, da sie potenziell dem Wohlstands- Erzeugungs-Prozess wieder zur Verfügung stehen werden – lediglich Pech hatten.

Die Überschuss Erzeugung auf dem tempus-Konto von Individuen sollten mit einem allgemeinen Abzug von X% versehen werden - als eine Art Steuer für die Gesellschaft. Diese X% sollten nicht vom Staat so genutzt werden können, wie früher oder aktuell. Dieses sollte ein Puffer für jede Person für den eigenen Ruhestand und für die Gesellschaft sein. Die Gesellschaft könnte diesen Überschuss verwenden, um Krankheits-oder Arbeitslosigkeits- Zeiten ihrer Bürger zu finanzieren.

Auch die Überschuss-Erzeugung auf den tempus- Konten von Gesellschaften sollte mit einem allgemeinen Abzug von X% versehen werden - als eine Art Steuer für die Gesellschaft. Auch diese X% sollten nicht vom Staat zur Finanzierung seiner eigenen Projekte nutzbar sein. Dieser Puffer sollte für jedes Unternehmen und für die Gesellschaft aufgebaut werden, um schlechte Zeiten und Neuausrichtungen finanzieren zu können. Sollte alles „schief gehen", kann dieser Puffer zur Kompensation der Gläubiger dienen - um nicht zusätzliche Konkurse zu provozieren.

4.2.15. Grenzen

All diese Gedanken über tempus-Puffer für alle und viele Zwecke, klingt wie eine freie Möglichkeit zur Verwendung von tempus für alles.

Aber es gibt eine generelle Grenze, wie zuvor erwähnt. Die generelle Grenze ist die durchschnittliche Lebensdauer aller Bürger bzw. jener von Firmen. Und spezielle Grenzen müssen Land für Land und Unternehmen für Unternehmen festgelegt werden. Und wenn jemand stirbt, muss ein LAZEB- Bonus abgezogen werden – es bleibt nur der jeweilige Zugewinn.

Auch im Universum, ist die Zeit nicht endlos - zumindest nicht endlos in unserer Definition als „Träger- Immanent" - bezüglich der Dinge, die wir im Moment sehen oder berechnen können. Auch Sterne verlieren, wenn sie älter werden, Energie – und es kann zu einem „Aus" als Supernova oder Zerschellen an einem größeren Stern oder gar zu einem schwarzen Loch-Ende kommen, wenn die Energie (oder die Geschwindigkeit) geringer wird.

4.2.16. (Um-) Verteilung von tempus-Puffer.

Der Puffer einer Privatperson, kann, wenn sie stirbt, auf seine Kinder übertragen werden. Er kann auch an karitative Einrichtungen gespendet werden. Aber nur der zusätzlich verdiente Puffer sollte in Betracht gezogen werden. Die durchschnittliche LAZEB- tempus sollte subtrahiert werden.

Das gleiche sollte für Unternehmen gelten, wenn sie ihre Tätigkeiten stoppen.

Wenn ein Unternehmen ein anderes Unternehmen kauft, kann dieses zum aktuellen Wert plus dem zusätzlich aufgebauten tempus-Puffer als generelle Formel gezahlt werden. Aber natürlich regelt Angebot und Nachfrage den Endpreis.

Es wird jedoch zu weit weniger Übernahmen kommen, als zu heutigen Zeiten, denn:

O Firmen können problemlos zusätzliches „Geld" bekommen: durch den Verkauf ihrer Aktien an 7 Milliarden, nun wohlhabenden, Bürgern dieser Welt;
O eine Regel, Aktien als reine Absicherungs-Käufe für 10 Jahre halten zu müssen, kann Spekulation drastisch senken;

O mit der neuen Wohlfahrt wird so viel Nachfrage aufkommen, dass alle Firmen eigene Wege gehen können und müssen, um alles zu bewältigen. Es wird weder Bedarf noch Notwendigkeit geben, Konkurrenten zu kaufen.

Bei all diesen Transaktionen sollte die Gesellschaft profitieren - über Steuern auf die Beträge der getätigten Transaktionen. Aber die Politik, welche die Regeln für die einzelnen Regionen erstellt, sollte nicht in der Lage sein, von diesen Steuern zu profitieren: nur für die Regeln verantwortlich sein – und nicht berechtigt sein, zu spekulieren.

Steuern sollten primär Sicherheits-Polster füllen.

4.2.17. Währung- und Werte

Heute existieren 195 Staaten und 160 verschiedene Währungen. Dies ist vor allem darauf zurück zu führen, dass die regierenden Politiker ihre eigenen fiskal- und geldpolitischen Regeln setzen wollen.

Die tempus-Einführung ermöglicht es, alle Währungen auf nur eine zu standardisieren: den tempus.

Der Wert des tempus kann in jedem Land, im ersten Schritt, auf den tatsächlichen Wert seiner Währung angepasst werden. Die Zeit wird fürweitere Anpassungen sorgen. Spekulation sollte verboten werden. Jedoch: selbst, wenn Spekulation versucht werden würde: niemand hat genug Geld zur Beeinflussung der neuen Dimensionen, mit welchen tempus eingeführt wird. Denn tempus relativiert die Bedeutung (nicht den Wert, letzterer bleibt konstant) des Geldes auf 1% in industrialisierten Ländern - oder sogar 0,1% in China (wie zuvor beim Brutto- sozialprodukt-Vergleich gezeigt).

Der tempus jeder Person kann leicht an den Ort angepasst werden, wo sie lebt - oder bei Aussiedelung leben wird - indem er mit den gültigen Werten der entsprechenden Gebiete neu multipliziert wird.

Und da die Geldpolitik kein Geld zum Spielen hat, sind die Möglichkeiten, die "Geld" Menge, d.h. das tempus, zu erhöhen, anders:

O Geburtenraten zu erhöhen - und/oder
O die Gesundheit zu verbessern, um die Lebenszeit zu verlängern - und/oder
O ausländische Investoren anziehen -und/oder
O Bürger empfehlen (nicht politisch zwingen) eine höhere Ausbildung an zu streben und/oder

O alternative Ausbildungen empfehlen (nicht obtruieren), um ein höheres Einkommen und Lebensstandard in Zukunft zu erzielen, und/oder

O Steuern senken usw.

Der Punkt ist, die Regierungen von Weich-Währungs-Ländern können nicht mehr zusätzliches "Geld" über ihre eigene "Währung-Politik" schaffen – sondern nur noch über den Wert ihrer tempus.

Der tatsächliche Wert ihres Vermögens und der Wettbewerbsfähigkeit wird ein Faktor ihrer tatsächlichen tempus Werte werden.

Politische Interventionen, welche in früheren Zeiten versuchten, Währungs-Werte zu senken, um die Exporte zu erhöhen und Importe zu reduzieren, sind nicht mehr möglich.

Steigender Wohlstand muss nun auf eine intelligentere Art und Weise erzielt werden, als über Geld. Geld - in der Form von verschiedenen Währungen - sollte nicht mehr ein „Haupt-Werkzeug" in einer Astronomie orientierte Wirtschaft sein. Im Universum gibt es kein Geld.

Die Politik muss erkennen und lernen, dass die einzige Möglichkeit, den Wohlstand seiner Bürger zu erhöhen die Beratung ist, dass jeder "Planet seinen eigenen Weg geht – und gehen muss". Die Freiheit der eigenen Weg-Optimierung - wie Einstein sie für Planeten herausgefunden hat – sollte auf unserer Erde implementiert werden. Dies ist eines der Wege, wie Sterne und Planeten sich ihr Gleichgewicht suchen. Die Politiker sollten nicht die Bürger zwingen, etwas zu tun, was die Politiker denken. Sie sollten nur beraten – aber auch nur dort, wo sie kompetent sind.

Politische Interventionen gehören auf der Erde verboten. Es gibt keine Politik im Universum.

Mit dem tempus, als das Instrument für Transaktionen mit einer gemeinsamen weltweit gültigen Grundlage, wird fairer Handel und Wohlfahrt schneller erzielbar sein, als mit den politischen und wirtschaftlichen Unruhen mittels der Neubewertungen von 160 verschiedenen Währungen innerhalb von 195 Ländern.

Und da die Länder nicht mehr abhängen von den Krediten und den monetären Beschränkungen der Banken und Staaten, können sie leicht neue Wege gehen und den Wohlstand ihre Länder erhöhen. Und sollten sich bei der Einführung des tempus Probleme ergeben, so gibt es immer noch genügend Puffer für Optimierungen.

4.2.18 Inflation

Inflation entsteht, wenn zu viel Menschen zu knappe Produkte oder Dienstleistungen zur gleichen Zeit kaufen wollen.

Da es bei der tempus-Einführung eine große Steigerung der Nachfrage nach Produkten und Dienstleistungen geben wird, könnte Inflation ein Problem werden. Dieses muss mit Vorsicht verhindert werden, da anderenfalls alle neu gewonnen Potentiale vernichtet werden würden.

Es gibt keine bessere Zeit als heute für die Umsetzung antiinflationäre Systeme. Wir haben eine weltweite Krise. Es gibt kein wirkliches Wachstum, fast nirgends. Und eher als die Inflation, ist Deflation die Gefahr.

Das Wachstum wird durch alle genannten Aspekte kommen. Man braucht auch keine 2% "sollte-sein- Inflation" mehr. Lasst uns die Preise zunächst „einfrieren". Und Fehlhandlungen durch das Gesetz verfolgen. Und für die erste Umsetzungsphase ein Auswahl-System für bestimmte heiß begehrte Produkte oder Dienstleistungen einführen: FiFo: first in, first out. Zusätzliche Nachfrage wird auf einer Liste landen, und sukzessive abgearbeitet werden. Um alle Nachfrager zufrieden zu stellen, wird schnell neuer Wettbewerb entstehen. Wenn ein Lieferant nicht in der gewünschten Zeit bedienen kann, muss er schnell Produktions- oder/und Service-Levels erhöhen. Wenn er nicht kann, werden die Menschen zum Wettbewerb gehen. Und wenn der Wettbewerb dieses auch nicht bieten kann, werden die Leute halt warten müssen - oder aus anderen Ländern importieren - oder auswandern. Nicht zuletzt könnten zunächst auch die Möglichkeiten der Inanspruchnahme der tempus beschränkt werden, bis sich alles beruhigt hat

Aber die Preise müssen stabil gehalten werden - zumindest bei den anfänglichen Nachfrage-Wellen. Zum besseren Controlling, sollte tempus-Bargeld (zunächst) nicht zugelassen werden. Zahlung sollten nur mit tempus-Bonus-Karten möglich sein. Alle Transaktionen.

Alle die Transaktionen in kleinen Geschäften, die (noch) nicht auf Kartenzahlung ausgerichtet sind, können mit dem nach wie vor und parallel gültigen Bargeld des alten Währungssystems erfolgen.

4.2.19 Bargeld

Bargeld sollte für all die Klein-Käufe zur Verfügung stehen. Aber die Menge an Geld für die

Mini-Käufe sollten begrenzt werden. Dies wird bereits in einigen Ländern wie Italien getan. Dieses Prinzip könnte überall eingeführt werden, um den Schwarzmarkt zu beseitigen. Spanien hat einen enormen Schwarzmarkt, und die meisten der 500 € Scheine sind in Spanien - eines der Länder mit großen Problemen, zumindest auf der Seite der normalen Geschäfts-Märkten. Geld und Schwarzmarkt müssen begrenzt werden, wenn die Wohlfahrt steigen soll.

4.2.20 Schließen der Lücke.

Die großen Wohlfahrts-Unterschiede zwischen den verschiedenen Ländern können nicht in kurzer Zeit beseitigt werden. Es gibt so viel Dinge zu beachten, dass dieses nicht innerhalb von ein paar Jahren durchgeführt werden kann. Aber potentiell kann diese Lücke mit tempus und der Anwendung der Astronomie-Regeln schneller möglich sein, als mit derzeitigen Theorien und Modellen.

4.2.21 Zeit & Geschwindigkeit

Zeit und Geschwindigkeit führt zu Produktivität und Wohlfahrt.

Wenn wir die Energie- und Raum-Wohlfahrt des

Universums auch auf der Erde erreichen wollen, müssen wir beschleunigen - und die Werte der Produktivität aller Sektoren erhöhen.

Und da die tempus-Werte ein wichtiger Teil für Kalkulationen und Bilanz sein werden, muss man, um die Produktivität zu erhöhen, nicht mehr primär in Maschinen investieren. Es könnte nun lohnender sein, mehr Menschen zu beschäftigen - für die Wohlfahrt der Firmen, der Länder und für die Wohlfahrt der Gesellschaft.

Zeit ist Geld? – OK: Geld, sei Zeit!

<u>G.</u> INDEX

Wikipedia

Google

A Briefer History of Time (Steven Hawking with Leonard Mlodinow)

Astronomic Solutions, a new model of universe, (Albert Bright, 2014, www.universesolving.com)

Astron-Economic Solutions, a new model of economy, (Albert Bright, 2015, www.universe-solving.com)

<u>H.</u> **Kurzbeschreibung**

"AstronZeitOnomie Lösungen, ist eine faszinierende Reise in die Dimensionen der Zeit.

Nach einem Blick auf diese Zeit-Dimensionen wird eine Formel für die "Zeit" aus aktuell gültigen Astronomie-Formel entwickelt – welche die Zeit relativiert und Erkenntnisse revolutioniert. Auf die gleiche Weise hatte Albert Bright bereits in seinem ersten Buch Einstein relativiert, indem er Newton extrapolierte; und im 2. Buch: Astronomie Regeln für wirtschaftliche Herausforderungen verbreitete.

Beim Hervorheben der Bedeutung der Zeit- Dimensionen, relativiert Bright zugleich die Bedeutung der Geldwirtschaft-Modelle. Er zeigt, dass der Missbrauch von "virtuellem Geld" zu einer großen Blase führt, die explodieren wird, wenn sie nicht rechtzeitig relativiert wird: mit „tempus", der neuen Zeit/Währungs-Dimension für die Wirtschaft. Und da kein Pendant zum Geld im Universum existiert, kommt er zu dem Schluss:

"Zeit ist Geld?" - OK: "Geld, sei Zeit!"

Albert Bright zeigt, dass heutzutage Geld durch Zeit problemlos ersetzt/relativiert werden kann -

und schlägt Umsetzungs-Aspekte vor - auch, wie Missbrauch verhindert werden kann. Zugleich zeigt er, dass der aktuelle Fokus auf Geld - nun auf die Menschen gedreht werden wird, da jede Person ein „tempus"-Bonus zu seiner freien Verfügung bekommt - so wie auch die Sterne/Planeten den ihnen „mit- gegebene" Materie-/Energie-"Bonus" (via u.a. Ur- Knall) für die Möglichkeit nutzen, ihre eigenen Umlaufbahnen zu optimieren - wie Albert Einstein vor 100 Jahren entdeckte.

Das Universum wächst seit 13,8 Milliarden Jahren - und heute schneller als zuvor. Das kann man von der Wirtschaft nicht behaupten. Daher kann die Anwendung der Gesetze der Astronomie auch in der Ökonomie und Soziologie zu enormem Wachstum der Wohlfahrt der Nationen beitragen.

NOTIZEN: